U0338510

THE BOYS' BOOK OF LIFE

男孩**生活**能力

课外训练

[英]杰奎·怀恩斯/著　[英]萨拉·休姆/绘

刘国伟/译

Jacquie Wines　Sarah Horne

江西科学技术出版社

101 Ways You Can Make A Difference

Writen by Jacquie Wines

Illustrated by Sarah Horne

With thanks to Peter Littlewood from the Young People's Trust for the Environment,and Liz Scoggins.

男孩们注意

世界上很多森林中，大量的伐木依然在破坏着动物的栖息地，污染着水源，并且迫使原住民离开自己的家。

本书印刷用纸来自于可持续森林里的树木。可持续森林里每年都会种植新的树木为造纸业提供木材，以此来保持森林永续。

我们的印刷厂可以保证本书所用的纸张全部来自于一个良性管理的永续森林，请小读者放心使用。

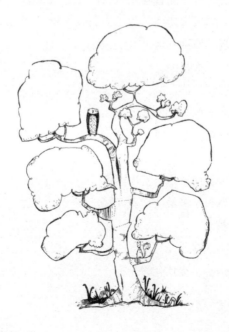

目录

第一章

你的好习惯为地球节约了资源

第二章
齐动手保护美丽的户外环境

第三章
别让购物成了浪费资源

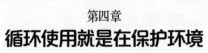

第四章
循环使用就是在保护环境

第五章

必须立刻停止污染环境的行为

第六章
这样做让更多的生物活下来

第七章
让环保理念传遍全球

　　人类已经破坏了地球上三分之一的自
然资源，在没有发现可以让我们生存的
星球之前，竭力保护地球已经刻不容缓。
否则我们很快就会无家可归了。21世纪
的男孩们，要用新的生活能力和生活方
式去拥抱我们这可星球的未来。

好的生活习惯可以拯救地球

人类已经破坏了地球上三分之一的自然资源，野生动物、森林、河流以及海洋无一幸免。然而，人类活动造成的最为严重的影响，是气候的变化。几乎所有的科学家都认为，地球正在变暖；他们还认为，如果不是由于人类活动，气温也不会上升得如此之快。

气候变化可能是我们这个星球面临的最大威胁，并且这种威胁是长期的。气候变化的证据就在我们周围，随处可见。北极的海冰已经缩小了一百多万平方千米；全球的冰川都在消融；有记录以来最热的十个年份都出现在1991年以后；海平面在上升，导致爆发洪水的可能性加大，人们的生命受到了威胁。

在接下来的两页里，你将会看到气候变化给世界各地造成的破坏。

2005 年，在美国西部的许多城市连续多日的高温在 38℃以上。

2006 年，格陵兰岛上面积达 287 平方千米的一块冰盖消失了，这一面积比专家预计的多出了 3.5 倍。

2006 年，纽约迎来了 150 年来第一个无雪圣诞节。

2005 年，飓风引发的洪水淹没了新奥尔良市，导致多人死亡。

2005 年，欧洲全年气候异常，灾难不断，其中包括几次破坏性很严重的大洪水。

在非洲之角，由于干旱，多达 1700 万的人面临饥荒威胁。

2004 年，在巴西，洪水和泥石流让数以万计的人无家可归。

1950—2000 年，南极洲半岛地区的平均气温升高了 2.5℃。

2002 年，面积达 3250 平方千米的一块冰川与南极半岛地区脱离。

14

在过去的四十年里，西西伯利亚的平均温度上升了3℃。

2003年，在欧洲，创纪录的高温天气导致约35000人丧生。

2004年，日本遭遇了高达十次的台风袭击。在这个国家的历史上，2004年是台风来袭次数最多的一年。

在过去的五十年里，在喜马拉雅山系的天山山脉，可以确信，有400个冰川面积缩小了四分之一。

基里巴斯群岛由35个岛屿组成。由于海平面上升，其中两个岛屿已经被海水淹没，剩下的33个岛屿也极有可能步其后尘。

2005年7月的一天，孟买市遭遇了印度所有城市都不曾遭遇过的最大的一场雨。在短短的24小时内，降雨量达94厘米。

2002—2005年，在澳大利亚，由于降雨量少得异乎寻常，导致多起丛林大火。

在新西兰，据专家考察，三分之一的冰川出现了缩小迹象。

除了引发干旱和飓风等极端天气状况，不断上升的气温也导致了两极地区的广阔冰盖开始消融。格陵兰岛冰盖大小与欧洲差不多，其消融速度之快超过了科学家的预计。如果格林兰冰盖全部消融，全球海平面将上升 6.5 米，地球上大多数的沿海城市都将被摧毁。

根据科学家的一项研究，气候变化也威胁到了北极熊的生存。由于气候变化，北极熊的狩猎季被迫缩短，致使其食不果腹。

我们的星球之所以会遭受如此破坏，是因为其资源即将枯竭。换句话说，我们变得太贪婪、太挥霍无度了。我们购买了很多根本用不着的东西，把数十亿吨的垃圾埋入地下，向大气层排放了太多有毒气体，向海洋里倾泻污水与有毒的化学制剂。

有科学家疾呼，如果现在不采取行动对气候变化加以遏制，再拖延十年，我们的星球就彻底完了。小朋友们，是你们采取行动的时候了，你们要为我们这个星球的未来负责。留意一下你们自己和你们家庭的生活方式，做些改变，让你们的家更"绿色"，对环境更友好。

这本书里介绍的 101 种方法，带给大家崭新的生活方式，让大家一起提升生活能力，可以减少对地球的损害，既简单，又有效，你们完全能做到。

地球的未来，你们的未来，就掌握在你们手中。

开始行动吧!

第一章
你的好习惯为地球节约了资源

拯救你们的星球，从改变自己家开始。

轮到你们了，去查明你们家的能源使用效率吧！你们应评估一下家庭成员的浪费状况。你们应该找出可以做些改变的地方，不断地对其加以改进。

本章精彩内容

评估自己家的浪费状况

查明你们家每天犯多少宗"能源罪",制作一个如下图所示的日志:

能源日志

- 我检查过了,我们家阁楼是(或者不是)绝缘的。

- 我检查了家里每扇窗户的通风装置(把一根羽毛举到窗户前,看羽毛飘不飘动)。共有 ___ 扇窗户有通风装置。

- 家里共有灯泡 ___ 个,其中 ___ 个是节能荧光灯泡。

- 我在屋子里转了转,发现各个房间里共有 ___ 个灯不用却开着。

- 我检查了家用电器,发现共有 ___ 台处于备用状态。

- 采暖设备(或空调)开到了 ___ ,但不幸的是, ___ 扇窗户却开着。

- 家里最近一次使用洗衣机和洗碗机时,我检查了一下,发现它们里面装满了 / 没装满。

- 家里共有 ___ 个水龙头滴水。

关掉待机的电器

知道吗？一台彩电处于待机状态时的耗电量是开着时耗电量的 85%！一台处于待机状态的录像机，其耗电量几乎与播放录像带时的耗电量一样！

家里的每种小电器，如果处于待机状态，都会消耗电能。只要看看电器上面的红灯亮不亮，就随时都能知道它是否处于待机状态。如果使用遥控器关机，那么很多电器都将处于待机状态。你可能觉得一个小红灯不会造成多大危害，但它浪费的能源价值在全英国高达数百万英镑。

坏习惯到你为止

• 检查家里所有电器，电视机、电脑、手机充电器、DVD播放机、录像机，等等，都要检查到。如果电器不用，就应切断电源。告诉爸爸妈妈，如果留心这些琐屑小事，就可节省 13% 的电费。不仅省钱，而且也能拯救地球。

选择合适的灯才能省电

把家里的灯检查一遍，看有多少使用了节能灯泡。

小巧的荧光螺旋灯泡使用寿命十倍于标准白炽灯泡，并且用电量只有后者用电量的 66%。如果谁想再买一盒"老派的"的费电灯泡，就给他指出这一点。如果谁不需要开灯却开了，就批评他。一旦你这样做了，他们很快就会明白。

不要成为排风扇迷

如果下次看到谁做饭时伸手去开炉子上的排风扇，要阻止他。可以打开厨房的窗户，告诉他这样做可以 100% 节约能源。

洗衣日规则节约日常用水

打开洗衣机却只洗牛仔裤或足球衫，不仅浪费水，也浪费电。知道吗？所有的洗涤剂都会对水系统造成污染。

把下面的这些规则复制下来，贴在家里，让洗衣日成为一个电能友好日。

洗衣日规则

- 如果衣物不太脏，就冷洗，省电。这是因为，把水加热所耗电量占了洗衣机用电量的90%。
- 只有在洗衣机里装满了衣物后，才可以开机。
- 如果是单件衣物，就用手洗。
- 只使用环境友好型洗衣粉。
- 少用洗衣粉，不用织物柔软剂。
- 少用去污剂。
- 要努力保持衣物整洁，穿得时间长一点，洗得少一点。

正确使用洗碗机的时机

生态斗士的生活从来都不会容易。有时候要权衡利弊，做出明智抉择。拿洗碗机来说吧，有时候关掉它有生态意义，有时候使用它有生态意义。

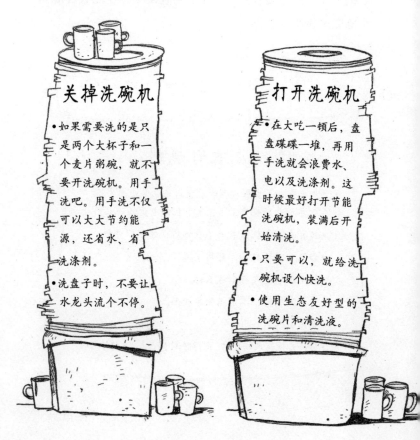

关掉洗碗机

- 如果需要洗的是只是两个大杯子和一个麦片粥碗，就不要开洗碗机。用手洗吧。用手洗不仅可以大大节约能源，还省水、省洗涤剂。

- 洗盘子时，不要让水龙头流个不停。

打开洗碗机

- 在大吃一顿后，盘盘碟碟一堆，再用手洗就会浪费水、电以及洗涤剂。这时候最好打开节能洗碗机，装满后开始清洗。

- 只要可以，就给洗碗机设个快洗。

- 使用生态友好型的洗碗片和清洗液。

检查温度调节器，减少温室气体排放

把供暖设备和空调的温度调低 1.5℃，可以让你们家的温室气体排放减少一吨。检查一下温度调机器吧，看看你们是否真的需要空调那么冷或供暖设备那么热。

在下一页你将看到温室气体的相关情况以及它们对我们星球的影响。

注意了！

如果你们家空调或供暖设备的温度调节器安装在一扇窗户边，一定要关上窗户。不然的话，温度调节器就会误判室温。

另一个很简单但有效的办法，是人工（或用吸尘器）除去家里所有暖气片表面的灰尘。这样做会增加热流，进而提高暖气片的使用效率。

温室气体

温室气体是这样一些气体，科学家们相信它们对我们星球的气候产生了影响，主要包括水蒸气、二氧化碳、甲烷以及臭氧。很多温室气体是自然生成的，也有一些是人为制造的，但只要使用煤炭和石油之类的燃料，所有的温室气体都会增多。焚烧雨林每年也向大气层释放了数百万吨的温室气体。

温室气体

A. 温室气体在地球表面上方形成了一层，就像一条毯子。温室气体生成得越多，毯子就越厚。

26

温室效应

　　由于温室气体的增加，地球经历了温度的上升。这种温度上升被称为"温室效应"。下面的插图就是用来解释、说明温室效应的。温室气体在地球表面之上的大气层里形成了一层。这一层就像一条毯子，吸收了来自太阳的热量。如果没有温室气体，太阳能就会逃离并进入太空。但是，地球温度在升高。温室气体增加得越多，温室效应就越明显。

温室效应

　　B. 来自太阳的热量抵达地球，其中一些被反射回太空，另一些则被温室气体吸收。

　　C. 其结果是，地球的温度上升。

晾衣服比衣服烘干机好多了

释放热量的家用电器，比如滚筒式烘干机，消耗了很多电能。因此呢，只要天气暖和，就要劝说家庭成员把洗过的衣服搭到户外的绳子上晒干，或者劝说他们把衣服搭到室内的架子上。关掉滚筒式烘干机，100% 节省能源。

上发条的电器最省电

为什么不去寻找上发条的家用器械呢？这些器械可是完美无瑕的生态礼物啊！

上发条的手电筒、收音机以及手机充电器都不难找到。这些器械不需要干线电力，用不着蓄电池。你要做的就是上紧发条，一圈，两圈，三圈……

多穿几层节约燃气

注意到没有，当家里的供暖设备运转得最有效率时，某个人打开了窗户？如果看到了这种可耻的浪费能源的行为，要采取行动加以阻止。

或者，注意到没有，某个人身穿一件 T 恤，打开了供暖设备？如果看到了，就告诉这个造孽的人，如果感到冷，就多穿几件衣服，100%"绿色"。

加热和冷却房子调节室内温度

这种方案可能只适合作为一种理论来探讨，而不宜付诸实践。这是因为，它牵涉到油漆房子，你的爸爸妈妈不见得喜欢这么做。你们家房子的颜色，尤其是屋顶的颜色，在一定意义上可以决定你们家的冷热程度，因为淡色反射阳光，黑色吸收阳光。如果冬天想让房子暖和一点，就把它漆成黑色。到了夏天，想让它冷一点，就漆成白色。

如果在油漆整座房子之前，你的爸爸妈妈要求你拿出证据，证明这样做的科学性，不妨给他们做做下面的实验。选一个骄阳似火的大热天，拿出两个纸盒子，找一些白漆，找一些黑漆，找两个温度计。把一个盒子漆成白色，另一个漆成黑色，里面各放一个温度计，然后放到太阳底下。过一段时间后，取出温度计，看看上面显示的温度。黑盒子里面的温度应该高于白盒子里面的温度。

空气清新剂不能解决发臭问题

如果你的卧室不时地发出臭味，不要喷洒空气清新剂。生产空气清新剂消耗大量能源，一些气雾剂还包含着对环境有害的物质。为什么不打开窗子呢？打开窗子吧，全世界的呼吸都将更容易一些。

不要浪费水

如果没有水，地球上就不会有生命。植物、动物都离不开水。虽然地球表面的 70% 被水覆盖着，但只有 2.5% 的水适合人饮用。这些适合人饮用的水大多难以获取，因为它们要么封冻在冰川或冰盖里面，要么埋藏在地下。还等什么呢？马上开始珍惜水龙头里流出的每一滴饮用水吧！

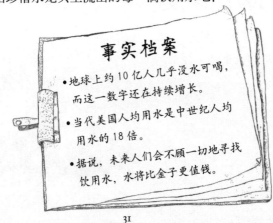

事实档案

• 地球上约 10 亿人几乎没水可喝，而这一数字还在持续增长。

• 当代美国人均用水是中世纪人均用水的 18 倍。

• 据说，未来人们会不顾一切地寻找饮用水，水将比金子更值钱。

坏习惯到你为止

• 用过之后，关上水龙头。在一分钟里，一个水龙头的最大出水量高达 7.5 升。用盆子接一些水洗手，不要拧开水龙头就洗。刷牙时，关掉水龙头，可以节约 14 升水。

• 如果水龙头滴水，就缠着爸爸妈妈，让他们赶快修。

• 如果只是撒尿，不要冲马桶。知道吗？一个四口之家每天用于冲马桶的水高达 375 升！把下面这句话写下来，挂到洗手间里：

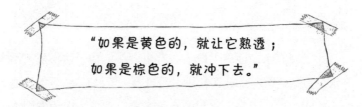

"如果是黄色的，就让它熟透；
如果是棕色的，就冲下去。"

• 如果发现谁只是撒泡尿就冲，告诉他们以后别这么干。

• 如果就是想冲个凉，用洗澡用水量的三分之一就行。

不要毒害地球

在我们这个星球上，不经化学处理就能安全饮用的水越来越少了。这是因为，我们已经用油污、污水、工业废料和化肥把地球污染了。不要让你们家庭加入到污染水的行列。所有人都不要把诸如油、颜料或清洗液之类的物质倒入排水管、洗涤槽或马桶。要知道，仅仅 3.7 升使用过的油，就可以败坏高达 370 万升饮用水的味道。

制作清洁剂，少用化学制剂

保持一座房子的清洁有可能让地球变脏。擦光剂、消毒剂、窗户清洁产品以及厨房清洁剂、浴室清洁剂会污染环境。仅仅是把空瓶子扔掉，就增加了垃圾填埋场中垃圾的数量。

为什么不用醋和小苏打来清洁浴缸、洗涤槽和厨房的表面呢？把海绵放到醋里泡一泡，然后开始进行清洁。用小苏打把物体的表面擦干净，用净水冲洗物体表面。试着把等量的水和醋掺在一起，用来清洁窗户。

第二章
齐动手保护美丽的户外环境

在家里面，可有植物生长在窗台花盆箱里，生长在摆在阳台上的花盆里，生长在花园里？在学校，可有植物生长在某一区域？如果有，就要考察一下园丁对生态的友好程度。他们真的具备搞园艺的才能吗？他们浪费水吗？他们用污染地球的毒剂除草除虫吗？

一定要把你们周围地区打造成无化学污染的环境，让植物与野生动物在其间繁衍生息。

本章精彩内容

给植物浇水的节水妙招

知道吗？无论什么时候，地球上的水都一样多。换句话说，现在的水不多，恐龙时代的水不少。水只是通过大自然不断循环而已。既然没办法获取更多的水，那么就必须保护我们拥有的水。

在发达国家里，很多人浪费水。你们家可不要这么干啊！

坏习惯到你为止

• 如果看见谁用软管给植物浇水，就阻止他。用软管给植物浇水太浪费水了，不如用喷壶。

●把水桶拎到户外，用来接雨水，然后用雨水浇灌你们的植物。如果你们家有一个花园，最好劝说爸爸妈妈买个大水桶来收集雨水。

●为你们家的窗台花盆箱、花盆或花园挑选耐旱植物。如果你们所在地区本来就有薰衣草或鼠尾草，就种一些吧。

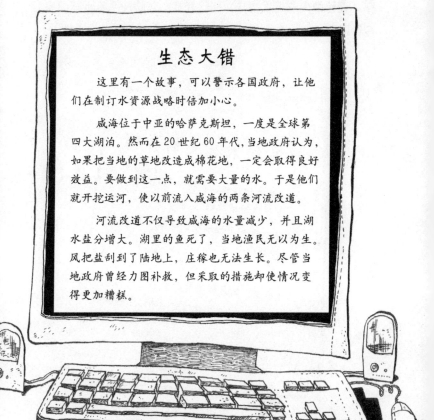

生态大错

这里有一个故事，可以警示各国政府，让他们在制订水资源战略时倍加小心。

咸海位于中亚的哈萨克斯坦，一度是全球第四大湖泊。然而在 20 世纪 60 年代，当地政府认为，如果把当地的草地改造成棉花地，一定会取得良好效益。要做到这一点，就需要大量的水。于是他们就开挖运河，使以前流入咸海的两条河流改道。

河流改道不仅导致咸海的水量减少，并且湖水盐分增大。湖里的鱼死了，当地渔民无以为生。风把盐刮到了陆地上，庄稼也无法生长。尽管当地政府曾经力图补救，但采取的措施却使情况变得更加糟糕。

栽一棵树缓解空气污染

地球上的树曾经比现在多得多。人类把树砍掉，一方面为小镇与城市腾出建设用地，另一方面开垦出田地种植粮食。现在，森林消失的速度很快。清除森林、焚烧树木是地球温室效应得以产生的一个主要原因。这里有一些令人震惊的事实：

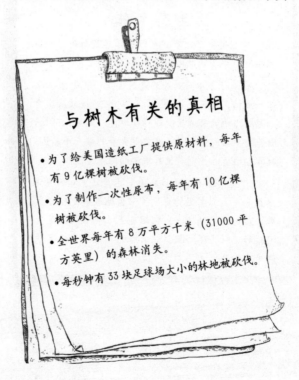

与树木有关的真相

- 为了给美国造纸工厂提供原材料，每年有9亿棵树被砍伐。

- 为了制作一次性尿布，每年有10亿棵树被砍伐。

- 全世界每年有8万平方千米（31000平方英里）的森林消失。

- 每秒钟有33块足球场大小的林地被砍伐。

那么，这些正在消失的树重要吗？是的，重要。最主要的原因是，我们要靠这些树呼吸。它们吸收诸如二氧化碳、二氧化硫之类的有毒气体，净化空气。一棵树每年可以过滤27千克的污染物。

不仅如此，树木还释放我们赖以呼吸的氧气。一棵大树释放的氧气足够一个四口之家呼吸一年。

坏习惯到你为止

• 植树。考察你所在地区，挑选树种，因为有些树比别的树长势好。

• 获得许可，在学校、公园或花园里栽种一棵树。可以先试着在花盆里栽种苹果籽或西红柿籽。

• 别忘了反复利用纸张。

杀虫剂是一把"双刃剑"

在我们看来，有些动物很讨人厌，因为它们传播疾病、毁坏庄稼。正因为如此，我们用被称为杀虫剂的危险化学品来杀死它们。

20世纪40年代，科学家们认为，使用杀虫剂会提高世界各地的庄稼收成，进而让数百万人摆脱饥饿。在某种意义上，事实的确如此。然而多数杀虫剂不仅仅能杀死害虫，它们还被风刮得到处都是，有的甚至进入了供水系统，从而打破了环境的自然平衡。

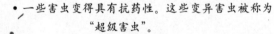

思考的"粮食"

- 事实上，从空中喷洒的杀虫剂只有20%落在了目标庄稼上。
- 一些害虫变得具有抗药性。这些变异害虫被称为"超级害虫"。

- 杀虫剂进入了食物链。举个例子，由于吃河流里被化学制剂毒害的鱼，水獭被感染。
- 杀虫剂易于被人的皮肤吸收，如果接触杀虫剂，它就会进入你的体内。

40

坏习惯到你为止

• 探寻更环保的处理害虫的方法。举个例子，可以用水喷去蚜虫。不必用除草剂除去杂草，可以用手拔掉。给招惹你植物的鼻涕虫来一碟啤酒，会怎样呢？它们通常会醉，然后就出来了。把碟子放在你最想保护的植物旁边。或者，在植物旁边放一圈儿碎蛋壳，让鼻涕虫无法靠近。

• 不要使用除昆虫喷剂。装上纱窗，挂上门帘，把苍蝇、飞蛾、臭虫挡在屋外。

• 不要下药杀死害虫；把有可能招引老鼠的洞堵上。

• 登记在册的杀虫剂有 5 万多种。你家里就有很多种，像樟脑球、猫与狗戴的灭蚤颈圈、昆虫喷剂、植物护理产品等等，都是杀虫剂。如果必须使用这些产品，使用时一定要谨慎，扔掉时要小心，免得污染土壤。

吃自己种的粮食有趣又环保

自己种粮自己吃本身就是一大乐事。此外，这样做还能确保你的盘中餐一点杀虫剂都不含。

种一些美味可口的樱桃西红柿,怎样?不一定要种在花园里,种在花盆里就行，摆到向阳的窗台上。

一年中种植西红柿的最佳时间是 4 月底，那时冬天已经结束了。

A. 吃午饭时，用勺子从一个樱桃西红柿中挖出一些籽，用水冲洗，晾干。

B. 找些空酸奶罐，给里面填一些堆肥。把西红柿籽按入罐子中央，每个罐子一粒。不要按太深，在堆肥表面以下即可，用堆肥盖住。稍稍给堆肥浇些水。

C. 给罐子贴上清晰的标签（这样就不会有人一不留神把它们扔掉了），摆到向阳的窗台上。每天都要检查,需要就浇水,

让堆肥用手触时感觉潮湿。不过一定不要浇水过多。大约一周后，你就会看到细小的幼芽长出来。

　　D．大约四周后，幼芽会长成细小的果苗。小心地把果苗从罐子里移出来，保护好根，小心别伤着它们。把果苗移到装满种子专用堆肥的大花盆里，轻轻固定到位。

　　E．继续检查，浇水（可能每天需要浇两次水了）。几周后，花儿会开。这些花儿最终会凋谢，留下细小的绿色西红柿。

　　F．等西红柿变成鲜红色、摸着稍微有一点软时，就熟了。还等什么呢？摘下来，吃吧。

被树木遮蔽的房屋夏天会比较凉快。没有树的城市会很热，被称为"热岛"。

树木能减弱公路上车辆发出的噪声（实际上，效果就像石墙）。

树根能处理土壤里的化学制品，对其进行过滤，使其在未来危害程度降低。

树木起到了防风带作用，能够挡住有害的气流，降低采暖成本。

对了，树木也的确很美丽。

树根能抓牢土壤，可以防止其被风侵蚀。

44

植物也不能随便种

不要因为一种植物看着好看就选种它，还有比这更重要的因素需要考虑呢！

坏习惯到你为止

• 选择可以为当地的野生动物提供食物和遮蔽所的植物。

• 拒绝那些有可能威胁到周边植物"福祉"的植物。

• 外来植物物种蔓延速度很快，会造成危害。举个例子，它们可能会抑制其他植物生长，还可能堵塞航道。因此呢，要拒绝那些可能会"跳过栅栏"的外来植物。

• 从国外引进的植物可能会顺便带来花园害虫。这些害虫不仅有可能会摧毁本土植物，灭除起来也很难。

挖池塘保护两栖动物

池塘曾经是每个村庄、每个牧场的一道景观，但由于我们生活方式的改变，池塘越来越少了。结果是，很多池塘"居民"无家可归。很多两栖动物（比如青蛙、蟾蜍、蝾螈）正在减少。

为什么不说服爸爸妈妈或学校挖池塘呢？

A．选择一个平坦、阳光充足、远离悬伸树木的地点，用藤条和细绳圈出池塘的形状。

B．池塘四周要浅，适合植物生长，动物也可以进进出出。池塘最深部分深度应该为 75 厘米左右，这样的话，等冬天水面结冰了，池塘的"居民"还能生存下来。

C．给池塘里铺上报纸、硬纸板或一块旧地毯，再铺上一块塑料布。在塑料布上铺一层报纸，然后再铺上土壤。

D．慢慢给池塘注水，免得被泥巴溅一身。

E．池塘里不要养金鱼，它们会吃掉池塘里其他"居民"。还是养棘鱼吧。

F．在池塘里栽种些植物。这样做不仅可以给水充氧，也能给造访池塘的"客人"提供遮蔽所。

G．当青蛙、蜗牛和鸟儿在自己的"新家"快快乐乐地生活时，你就可以站在池塘边好好欣赏了。

垃圾应该焚烧还是填埋

　　每个生态斗士都应该弄明白自己的生态主张。如果你坚持要改变你家的一些习惯，那么你就必须能够为自己的主张辩护，证明其正确性。

　　不幸的是，某些生态争议不可避免。就某种做法而言，无论反对还是支持，总能找到理由。我们不妨拿篝火做个例子。就焚烧家庭或花园制造的垃圾这个问题，这里有一些支持的理由，也有一些反对的理由。

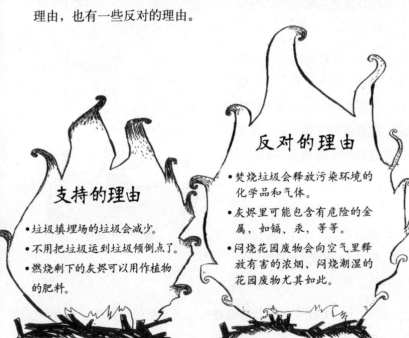

反对的理由

- 焚烧垃圾会释放污染环境的化学品和气体。
- 灰烬里可能包含有危险的金属，如镉、汞，等等。
- 闷烧花园废物会向空气里释放有害的浓烟，闷烧潮湿的花园废物尤其如此。

支持的理由

- 垃圾填埋场的垃圾会减少。
- 不用把垃圾运到垃圾倾倒点了。
- 燃烧剩下的灰烬可以用作植物的肥料。

坏习惯到你为止

不一定要焚烧垃圾，还有别的处理方法。

• 不要争个没完了，尽可能回收利用你家和花园制造的垃圾吧。参照第三章，找出家里面所有能回收利用的材料。

• 不要焚烧厨房和花园垃圾，强迫家人将其制成堆肥。

• 不要焚烧冰箱、旧床垫、汽车电瓶、油漆罐之类的物件，因为它们会释放有毒气体。一定要把这些物件送到当地的垃圾回收中心。

• 不要焚烧旧轮胎，试着把它们做成秋千吧。做成障碍超越训练场也成。此外，也可以用作花盆。

• 不要让家庭成员随随便便点火，点了火就要认真看护。因为随随便便点火，每年有数千英亩的森林在无意中被摧毁。

你们家的割草机环保吗?

知道吗? 一台烧汽油的割草机一年制造的污染量与 40 辆小汽车在路上跑一年制造的污染量相等!

不仅如此, 割草机还有一个大问题, 就是意外溅出的油。知道吗? 如果把人们给割草机加油时溅出来的油全部倒入一个池子, 造成的危害一点也不比油轮出事油料泄漏造成的危害小。

因此呢, 如果你们家有一块美丽的草坪, 等到该割草的时候, 一定要让家人买一台电动割草机。或者, 干脆买一台机械割草机, 那样更好。好了, 继续推吧, 把你们的植物推平。

种植灌木篱笆保护土壤

在过去的六十年里，仅仅在英国，灌木篱笆就被毁掉了322000千米，足够绕地球一圈。毁掉灌木篱笆的通常是一些农民，他们想把地块变大，好使用现代农机具。

可悲的是，对那些以篱笆为居的动物和鸟儿来说，灌木篱笆的消失是个十足的坏消息，它们现在不仅无家可归，而且忍饥挨饿。一些动物，如狐狸和獾，把篱笆当做"快车道"，从一片树林进入另一片树林。狐狸和獾都不喜欢穿越开阔的田野。

篱笆的消失对农民来说也不是什么好消息。没了篱笆保护的田地会遭到风的侵蚀，那些珍贵的表层土壤会被风吹走。

坏习惯到你为止

• 如果你生活在篱笆附近，就要负起护理的责任。

• 如果看到篱笆上有杂物，自己又能安全移除，就这样做好了。知道吗？如果刺猬之类的小动物把鼻子伸进空饮料罐，就会被卡住，再也拔不出来。好痛哟！

• 如果篱笆上长着浆果，就不要让人拿着修剪工具鲁莽行事，因为鸟儿可能靠着这些浆果活命呢！

● 不要让人清理篱笆下的落叶和长草，这些是小动物的避难所。

● 不要让你们家的园丁使用有害的除草剂，因为这些除草剂会侵入篱笆，毒害野生动物。

● 发起一场"栅栏讨人厌"运动。鼓励人们在花园里栽种篱笆。如果你要在自家花园栽种篱笆，当心别栽过界，栽到邻居的花园里，栽种之前最好让爸爸妈妈丈量一下。

保护当地的鸟儿

随着城市的发展，田野和公园成了建筑用地，草地消失了，代之而起的是庭院、道路和平台，很多鸟儿无家可归，忍饥挨饿。

坏习惯到你为止

下面介绍一些方法，可以让你帮助生活在你周围的鸟儿们。

● 给你的鸟儿朋友提供一些东西，让它们用作浴缸。为了保暖，鸟儿们需要保持其羽毛整洁。不妨摆出一个旧烤盘，大瓷碗也成，给里面注满清水。

● 找一个空的大塑料牛奶容器，装炸药的纸板箱也成，在上面挖些蛋杯大小的洞，给鸟儿们修建一个家。在里面铺上碎纸条或稻草，给鸟儿们当卧具用。

● 如果你们家有花园，而你们家又打算掘起草坪，代之以碎石，修建露台或平台，一定要劝说家人"三思而后行"。真那样的话，草里面的昆虫就会被杀死，花园里的鸟儿们也将饿肚子了！

● 不要使用杀虫剂来对付植物上的昆虫。鸟儿们有可能要靠吃这些植物和昆虫为生呢！

把剩饭留给鸟儿

知道吗？平均算下来，每个欧洲人一年扔掉的香蕉皮有2800个之多！鸟儿不仅爱吃草籽和坚果仁，其实厨房里的大多数剩余饭菜鸟儿也爱吃。因此呢，如果你们家有谁想扔掉剩余饭菜，一定要请他先看看下面这个清单。

• 蛋糕 • 饼干 • 面包 • 碎奶酪 • 面条 • 米饭 • 酥皮点心 • 骨头
• 咸肉硬皮 • 不新鲜的水果 • 土豆 • 淡果仁 • 肉上面的油脂
（不要给鸟儿咸果仁和脱水的可可。）

在阳台花园里摆上一张喂食桌，最好选饿猫够不着的地方。

当地的鸟儿很快就会把你的桌子视为可靠的食物来源，因此到了冬天可千万不要忘了喂它们。

制作堆肥箱

在厨房和花园垃圾中，很多是有机物；换句话说，它们都一度是活的。如果把这些垃圾扔到户外，堆成一堆，要不了几天就会招来细菌、藻类、菌类，垃圾就会腐烂。蠕虫、甲虫和蛆都会把腐烂物质当做美餐，留下很多小碎片，也就是我们说的堆肥。虽然听起来真让人恶心，但堆肥是一种很不错的花园肥料。

坏习惯到你为止

• 建造或者购买一个堆肥箱，放到花园里。堆肥既需要温暖又需要潮湿，因此最好把堆肥箱放到一个既向阳又被遮蔽的地点。

• 堆肥箱"喜爱"你家花园里割下来的草和其他植物，"喜爱"你们从水果和蔬菜上剥下的皮。至于肉、奶酪和鱼，就不用往堆肥箱里添加了，否则会给花园招来老鼠。

• 找个容器，搜集下页那张清单中开列的东西，然后就可以倒空，来制作堆肥。要经常检查，确保任何人都不向垃圾箱里扔这些东西。

• 当堆肥原料搜集箱满了，就把它搬到花园里，把里面的东西倒进堆肥箱。我们扔进垃圾箱里的家庭垃圾里，有三分之二都能制成堆肥。把下面这个清单复制下来，贴到冰箱上，提醒家人哪些东西应该扔进堆肥箱。

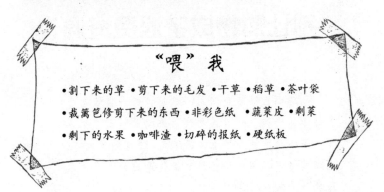

"喂"我

• 割下来的草 • 剪下来的毛发 • 干草 • 稻草 • 茶叶袋
• 裁篱笆修剪下来的东西 • 非彩色纸 • 蔬菜皮 • 剩菜
• 剩下的水果 • 咖啡渣 • 切碎的报纸 • 硬纸板

• 最后，没必要过多地让你们的堆肥堆曝光，偶尔来一下就行。有些人觉得那样做很不错，也有一些人觉得那样做会让堆肥的酸性过大。

养蠕虫帮你把垃圾变成肥料

给你们家买一个养蠕虫的箱吧，或者干脆将蠕虫添加到你们的堆肥堆里。蠕虫爱吃茶叶袋、咖啡渣、潮湿的硬纸板。蠕虫甚至爱吃报纸，当报纸被撕成一条条，对蠕虫来说就是美味佳肴。当蠕虫把你们的家庭垃圾变成超棒的堆肥时，就站在一边好好欣赏吧。那些堆肥能让你们家花园里的植物茁壮成长呢！

第三章
别让购物成了浪费资源

知道吗？很多欧洲人一年扔掉的垃圾重量是其体重的六倍。所有这些垃圾都将被放到某个地方。多数垃圾被拉到垃圾填埋点，填埋到了地下。这就意味着，我们的星球正面临着成为一个大垃圾场的危险。

要处理垃圾这个大问题，最简单的做法莫过于理性购物。东西买得少，丢弃的包装和废物就少。

本章精彩内容

购物清单帮你精简可用物品

监测你们家每周的购物清单，确保只买持久的东西，不买很快就扔的东西，这样做很有必要。

下面就开列一些典型物品。

用了就扔的物品

- 一次性尿布
- 塑料圆珠笔
- 塑料刮胡刀
- 纸巾
- 纸做的砂纸
- 塑料食物袋
- 纸桌布
- 纸餐巾
- 塑料盘子
- 塑料吸管

买耐用的物品

- 布做的尿布
- 好钢笔
- 非一次性刮胡刀
- 可以洗的抹布
- 亚麻手巾
- 塑料食物容器
- 可洗可擦的桌布
- 瓷盘子
- 亚麻餐巾

对促销说"不"，购买真正需要的东西

不要让家里的任何人，只因为某商品的广告很酷，或者包装很漂亮，就贸然去买。告诉家人，超市为了让人买根本用不着的东西，什么伎俩都会用上。例如，如果你只需要一样，或者两样都不需要，就不要做"买二送一"的买卖。

如果不想让家人跌入商家的促销陷阱，最好的做法是在购物前开列出购物清单。这个清单上只能包括你们家真正用得着的东西。

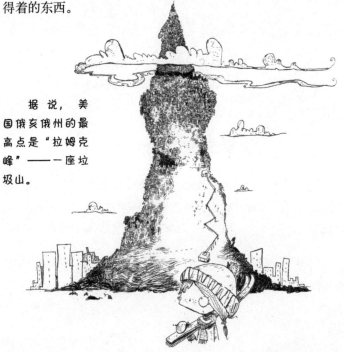

据说，美国俄亥俄州的最高点是"拉姆克峰"——一座垃圾山。

远方的商品浪费了资源

当你跳上车去商店时，被消耗的不仅是汽油。有时候，商品距离商店太远，需要船只和飞机来运输。同样的，这些运输行为也污染了我们的海洋和天空。这也是我们在这里谈论"食品里程"的原因。从观念上讲，我们不希望我们的星球上存在过多的"食品里程"。

"食品里程"

"食品里程"是一种尺度，可以让我们知道，从种植地到我们的盘子，食品要走多远的路。种植地越远，运输消耗的能源就越多。

坏习惯到你为止

• 在购买食品和衣物之前，一定要看看上面的标签，找出原产国是哪个。你难道需要买越南制造的睡衣裤吗? 看看地图吧，好远呢!

• 尽可能买本地产的食品。如果附近的农场就种苹果，干吗买从新西兰进口的呢? 看看地图吧，看看新西兰究竟有多远，太远了!

• 吃你们国家产的时令食品。在冬天，如果是从大西洋彼岸漂洋过海而来的草莓，就不要买。看看地图吧，那可是从美国来的，真远啊！

• 加入本地的一个水果 - 菜篮子组织。看看地图吧，看了就会发现，一辆卡车把本地产品送到几个消费者家里消耗的汽油，比这些消费者开车到超市采购消耗的汽油要少。

• 自己种粮自己吃。这不仅是一大乐趣，而且环保。看看地图吧，从你们的菜地到你们家的盘子，只有几步之遥！

• 不要买自己不需要的食品。看看地图吧，如果你不买，"食品里程"就是零！

当然了，环保问题从来都不那么简单。有些人或许会想，如果欧洲人从"食品里程"角度考虑，不买诸如非洲国家生产的食品，那里的农民日子就难熬了。

对瓶装水说"不"

别傻了，瓶装水并不比自来水好。原因如下：

事实

- 瓶装水的杂质测试标准没自来水高。
- 塑料水瓶腐烂需要数百年之久，只会给垃圾场和垃圾填埋点增加垃圾。
- 牙医认为自来水含氟，有助于牙齿坚固。

留意可回收的商品标签

一些看着无害的家用产品实际上包含着有害化学物质，因此一定要看所购商品的标签。要设法找到允诺对环境更友善的商品。

此外，还要留意商品的包装，看其是否是回收利用的纸张或塑料做的。

购物时想想环保

等下次家里有谁就要出发去超市购物，请他先读读下面的这个购物契约，说服他按契约行事。

我们家的购物契约

- **我们家每周只进行一次大采购。**

  这将促使我们不去买吃不了的食物，同时也节省了开车来回超市的汽油。

- **只要可能，我们就选择购买种植过程中没有使用化学品的有机食品。**

  这样做对地球、对我们都有好处。

- **只要可能，我们就买当地生产的食品。**

  这样的食品运到超市用的燃料少。

- **我们只买时令水果、蔬菜**（所谓时令水果、蔬菜，就是购买时，要购买的水果、蔬菜是自然成熟的）。

  我们要检查商标，看商品来自哪个国家，我们拒绝购买那些转了半个地球才运到这里来的商品。

吃水果比喝果汁更环保

厂家生产的果汁含糖太多，更糟糕的是，生产果汁既需要大量的包装，也需要大量的水。

还是吃真正的水果吧！吃水果不仅对你的牙有好处，也可以省水、省能源，缩短"食品里程"，就连运送到垃圾填埋场的垃圾也会减少。

坏习惯到你为止

• 从当地农场或农产品市场买有机水果。这样做不仅可以减少杀虫剂对地球的污染，也可以减少运输消耗的汽油。

• 如果你只喜欢喝果汁，就找来你从没用过的榨汁机，自己榨果汁。

• 别忘了，把果皮和所有熟透以及老得不能吃的水果制成堆肥（可参看"制作堆肥箱"）。

大规模采购可以减少包装袋的使用

这本书已经教给你，只买自己需要的东西，坚决不买自己用不着的东西。不过话又说回来，如果买的是基本的生活必需品，最好找个最大的容器，买上一大堆。这就是所谓的"大规模采购"。"大规模采购"不仅可以让你开车去商店的次数减少，也意味着汽油消耗的减少，意味着污染的减少。不仅如此，就连包装材料都减少了。这些还不算，大规模采购通常也比较便宜。

买小包食品要好得多，这样做可以减少浪费。

实际上，大规模采购可以减少包装材料，用别的方法做不到这一点。举个例子，制作一个大麦片盒子所用硬纸板比制作两个小的要少。不信？那你就把盒子压平，量一量吧。

但是，最好不要买大袋的单个包装糖果，也不要买大袋的薯片。这些物品的包装材料比较特殊。也不要买瓶装水，不要买用塑料胶带捆绑在一起的好几种商品。

快餐的包装是在浪费资源

现在我们已经知道了，快餐对我们没有好处。但你知道吗？快餐对我们的星球也没有好处。

快餐店出售的食品通常是单个包装的。想想吧，当你买一个汉堡牛肉饼时，你同时买到的包装材料多得就够吓人的！汉堡牛肉饼在盒子里装着，炸薯条在袋子里装着，饮料在一个聚苯乙烯杯子里装着，盐、胡椒粉以及其他调味汁在小袋子里装着。此外，通常还有纸餐巾、塑料餐具、吸管。所有这一切都会被扔进一个大袋子，好让你带走。

离开快餐店后，人们会做什么呢？他们会把所有的包装材料扔掉！真希望他们把包装材料扔进垃圾桶里，但有时候却扔到了人行道上。

塑料包装材料不仅要经过数百年才会分解（参看"制作腐烂日志"），而且会让垃圾填埋场显得杂乱无章。与此同时，丢在街道上的垃圾还会招来老鼠，而老鼠是有可能传播疾病的哟！

坏习惯到你为止

• 最好在咖啡馆或餐馆用餐，那里的食物盛在瓷盘里，餐具是金属的。这些东西都可反复使用。如果实在忍不住想吃快餐，那就要把包装材料放进你的回收箱。此外，最好对那些免费赠送的塑料玩具说"不"，因为到最后你肯定会把这些玩具扔掉。

衣服时尚，材料不一定环保

在你买一条新牛仔裤之前，最好先看看下面的这些事实。

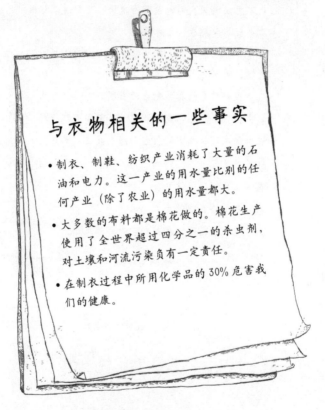

与衣物相关的一些事实

• 制衣、制鞋、纺织产业消耗了大量的石油和电力。这一产业的用水量比别的任何产业（除了农业）的用水量都大。

• 大多数的布料都是棉花做的。棉花生产使用了全世界超过四分之一的杀虫剂，对土壤和河流污染负有一定责任。

• 在制衣过程中所用化学品的 30% 危害我们的健康。

坏习惯到你为止

• 把下面的这个衣物契约复制下来，粘到衣柜的门上。

衣物契约

- 我不要以污染我们的星球为代价，盲目追求时尚。

- 从今往后我就披一条麻袋。

  真这样做可能就有点过分了。但我保证以后少买一些衣服，要买也只买我真正需要的。

- 我会买一些有机材料制成的衣服。

  到网上查查，看哪些服装设计师使用有机材料。

- 我要把不适合我穿的衣服都送到慈善机构。

- 衣服破了就补。

  我将让补丁变成时髦。

- 我穿奶奶给我织的毛衣。

  如果毛衣太糟糕，我就把它放到堆肥堆上。

禁止干洗

当你把衣服送到干洗店后，干洗店会用化学制剂除掉污渍。不幸的是，这些化学制剂（就是所谓的"挥发性有机化合物"，或者叫"VOCs"）让我们的星球染上了污渍，并且这种污渍很难清除。老实说，这些化学制剂让我们的天空变成了棕色。下面有一些与干洗有关的肮脏事实，不妨检验一下。

与干洗有关的肮脏事实

- VOCs 与大气中的氧化氮混合产生反应，在地表形成臭氧，显现为棕色的薄雾。
- 干洗用的四氯乙烯会导致动物患癌。
- 从干洗店取回衣服后，衣服上可能会残留少许四氯乙烯。当你穿上这些衣服后，可能会吸入四氯乙烯。
- 干洗店会把洗干净的衣服挂到金属晾衣架上，放入塑料袋子，这样做未免太浪费了！

因此，如果家里有谁想买一件只能干洗的衣服，一定要让他明白干洗将会给地球带来怎样的伤害。

让商品的设计者成为环保人士

一些服装设计师和零售商正在努力地帮助我们的星球。他们使用有机材料，使用对环境更友善的染料。为什么不给你最爱去的商店写一封如下所示的信呢？这样做能搞清这个商店的环保意识究竟怎样。

写给你最爱去商店经理的信

亲爱的先生／女士：

今年我已经从贵店购买了很多"很不错"的衣服，因为我喜欢贵店出售的商品。不过我听说时装产业也对地球做了一些"很不错"的事情（顺便说一句，"很不错"是反语，其实是"很糟糕"）。

请您回答我下面的问题：

A. 衣服用的布料是有机棉做的吗？

B. 衣服上使用了回收材料吗？

C. 制衣过程中使用了对我的皮肤或环境有害的化学制剂了吗？

谢谢。在没有收到您的答复之前，我不会再从贵店购买商品。

您忠实的……

不要伤害硬木树种

　　下次你们家再买家具时，你一定要把查清家具是什么木头做的当做自己的职责。如果做家具的木材来自一片人造林，或者来自回收利用的木材，那就没问题，买吧。

　　但是，如果家具是柚木或桃花心木之类硬木做的，而这些硬木产自快要消失的森林，那就不要买。如果你这样做的话，等于帮了这些古老树种的忙，可以让它们继续矗立在森林里。

坏习惯到你为止

• 看看木质家具（以及纸制品）上是否贴有"FSC"标志。森林管理委员会（the Forest Stewardship Council）可以保证这些家具所用木材来自可持续的森林。一些大的家具公司，如"家仓"（Home Depot）和"IKEA"所用木材都产自这些森林。这本书的印刷用纸也是"FSC"纸。

• 不买貌似古董的家具，要买就买真古董。买二手家具，就不用做那么多新家具了，树木的砍伐量就会相应减少。

• 如果旧家具还能用，就不要当垃圾扔掉，让别人用好了。把旧家具送到慈善商店吧，就是拿去拍卖也行。

残酷的事实

桃花心木或柚木之类的硬木极其珍贵，要长成材可能需要500年或500年以上。其结果是，这类木材价格昂贵，利润丰厚。桃花心木或柚木之类的树木被鬼鬼祟祟的采伐工盗伐是常有的事，就是在受到保护的森林里也时有发生。

由于盗伐者疯狂地搜寻这些珍贵的树木，每天都有足球场大小的林地要么被清除，要么被破坏。那些林地也许再也恢复不过来了！

不要痴迷小玩意儿

新的小玩意儿、小玩具玩起来很有意思。但也就刚开始有意思，很快就不好玩了，就没什么用了。

制作一个电子表格，列出家里所有没用的小玩意儿。让家里人坐下来，逼他们"招认"最后一次使用这些小玩意儿的时间。

小玩意儿	最后一次使用的时间
三明治烤箱	
电动切肉刀	
足部或脸部护理用具	
地板抛光机	
叶片吹风机	
榨汁机	
插座式烤架	
煲锅	
电动玩具	
电动体育设备	

用这张电子表格，找出你们家再也不会用的小玩意儿。不要扔，把它们拿到汽车行李箱货物大甩卖、慈善商店去吧，或者干脆在 eBay 网站上出售。如果某个人能用你们的小玩意儿的话，你们一定不想让他们再去买新的。

最后，一定要家人做出保证，在买小玩意儿之前，一定要想清楚，免得到最后一次都没用就被搁置起来。

使用节能电器

如果爸爸妈妈打算去买一个新的家用电器时，一定要跟着，因为你有很严肃的工作要做。

一定要让爸爸妈妈挑选节能电器。举个例子，与比较旧的型号相比，节能冰箱的二氧化碳排放量要少半吨。

在购买一台电器之前，要找出其节能的特别信息。找到电器上的节能标志，或者找到表明其能耗的标签。

如果找不到，不妨问问售货员，看他们能否提供这方面的信息，注意别让他们拿"不知道"敷衍了事。

有效使用电器

　　家里的电器不仅一定要节能，使用时也要讲求效率。举个例子，你们家的冰箱的耗电量占去了你们家总耗电量的20%。

　　查看一下你们家的冰箱，然后填写下面的调查表。

冰箱调查表

问题	是	不是
我们家的冰箱是不是按使用手册设定的温度？	☐	☐
我们家的冰箱是否装满了东西（没装满东西的冰箱比装满的更费电）？	☐	☐
我们家的冰箱放的位置好吗（如果放在散热器或烤箱旁边，就费电了）？	☐	☐
我们家的冰箱是否定期除霜（如果没有，冰箱门就关不严，就会费电）？	☐	☐

如果你们家买了新冰箱，一定要妥善处置旧冰箱。

如果旧冰箱没坏，看别人要不要。

含氯氟烃（即CFC）是制冷设备、空调、气雾喷雾器之类的产品使用的化学制剂。CFC进入空气后，会破坏臭氧层。从冰箱里移出CFC，需要专门的设备。如果你们家的冰箱真的已经过了其效能最好的时期，就把它送到你们当地的垃圾回收利用中心好了，让你们当地的相关委员会收走也成，这样它就会被适宜地处理掉了。

臭氧层

臭氧层由某种形态的氧气组成，距离地表大约15—35千米。臭氧层保护了我们的星球，使其免遭太阳发出的有害射线、特别是紫外线的威胁。紫外线会诱发皮肤癌。

即使每次只有很小的一块臭氧层消失，也会有更多来自太阳的紫外线抵达地球。这样一来，地球的温度就会上升，地球的气候也可能发生变化。

臭氧层

过一个绿色圣诞节

亲爱的圣诞老人：

　　在这完美一年的完美尽头，我想请你给我带来下面这些绿色圣诞礼物。

　　•一张鸟食桌（用回收的木头做的）

　　•一个暖箱和（或）一个迷你堆肥箱。

　　•大小合适的毛袜子，穿上它们在屋子里很暖和。

　　•有机棉睡衣裤，几乎不含污染环境的化学物质。

　　爱你！

另：能否为我提供资助保护一种濒危动物？

赠送绿色礼物

这里有一种方案，可以让真正坚定的生态斗士在圣诞节或生日那天顶住诱惑，不再索要一堆礼物。问问你自己吧，看看你究竟对去年人们送你的礼物有多喜欢。很有可能，你已经忘记了一些礼物，打坏了一些礼物，厌倦了一些礼物。

今年不要再接受没用的礼物了。可以让送礼的人请你去趟动物园、看场足球赛或电影。

对了，也不要一股脑送给你所爱的人很多礼物，否则你的绿色光环会黯淡无光。不妨把"良好的行为"当礼物送给自己所爱的人，给爸爸洗洗车，给奶奶整整花园，清理清理车库，都行。

制造自己用的产品

我们每天使用的产品里，很多都含有对环境有害的化学物质。有些产品对我们来说也不怎么妙，它们含有的化学物质可以通过我们的皮肤进入体内。不仅如此，化学物质也进入了我们的供水系统，进入了我们的食物链，我们最终难逃把它们喝下去或吃下去的命运。

为什么不使用自然原料，自己制造产品自己用呢？就拿护发素来说吧，你既可以买环境友好类牌子的，也可以按照下面的配方自己制造。只有当头发的确需要洗和护理时，才使用护发素。

当你洗头发的时候，用小剂量的香波或者护发素，这样对你的头发和环境都有好处。

护发素

• 把一只鳄梨捣成糊，然后与蛋黄酱搅在一起。

• 洗过头发后，把混合物均匀地抹在头发上。

• 彻底冲洗。

护发素

• 用搅拌器把一茶匙蜜、一个蛋黄、两餐匙橄榄油搅拌到一起。

• 把混合物涂抹到干净的头发上，停留 30 分钟，然后洗净头发。

第四章
循环使用就是在保护环境

◆◆◆

　　地球的资源数量是"有穷的"。就是说，资源有限。我们从地球那里拿来了资源，却没办法填补由此给地球造成的亏空。我们每天都从地下挖出金属、宝石、煤炭，抽出石油，而形成这些矿藏的时间却长达数百万年之久。当这些矿藏被用光后，我们就再也用不成了。

　　正因为如此，我们最好不要买用不着的东西，不浪费，尽可能维修、反复使用现有的东西。即使做不到以上三点，也至少要把能回收的东西统统回收。

本章精彩内容

制作垃圾车日志，做好垃圾分类

该凑上去看一眼你们家正要扔的垃圾了！没错，这工作比较臭，但必须有人干。检查一下你们家的垃圾桶，着手制作一个垃圾车日志，下面的每一样都不能漏掉。

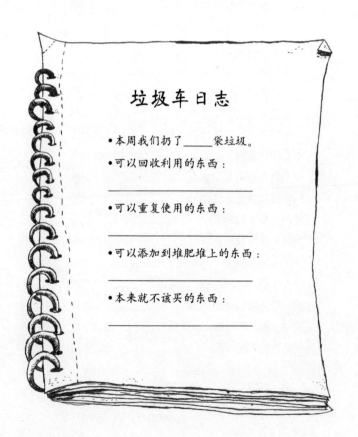

垃圾车日志

• 本周我们扔了_____袋垃圾。

• 可以回收利用的东西：
_____

• 可以重复使用的东西：
_____

• 可以添加到堆肥堆上的东西：
_____

• 本来就不该买的东西：
_____

制作腐烂日志

如果想让人们明白垃圾填埋点的垃圾腐烂需要多长时间，不妨做做下面这个试验。找一块地，征得挖掘许可。挖一个洞，把下面这些东西全部（或部分）埋进去。

- 一个苹果 • 一个香蕉 • 蛋壳 • 茶叶袋 • 一只旧鞋子
- 一顶羊毛帽子 • 一只羊毛手套 • 一则登载在报纸上的广告
- 一个卷卫生纸的管子 • 一个罐头盒 • 一个薯片袋子
- 一只塑料瓶 • 一个塑料购物袋

定期到试验点查看。把埋进去的东西翻上来，看看与上一次查看时有什么不同。记录下每样东西完全烂掉所需的时间。

下面这些腐烂数据令人沮丧，你不妨检验一下。

- 一张纸烂掉需要 2—5 个月。
- 橘子皮烂掉需要 6 个月。
- 一个牛奶盒烂掉需要 5 年。
- 一个烟蒂烂掉需要 10 年。
- 一个锡罐烂掉需要 100 年。
- 一个铝罐烂掉需要 200—500 年。
- 一个六罐装塑料箱子烂掉需要 450 年。
- 一个塑料袋烂掉需要 500—1000 年。
- 一个聚苯乙烯杯子永远也不会腐烂。

83

回收利用玻璃瓶、玻璃罐

生产玻璃瓶、玻璃罐的大熔炉遍及世界各地，每个熔炉每天生产的玻璃瓶、玻璃罐超过 100 万个。想想吧，想想现在我们这个星球上堆了多少个这样的容器！有鉴于此，回收利用进入你们家的所有玻璃制的瓶瓶罐罐就势在必行了。

在把瓶瓶罐罐放入玻璃储藏库之前，要冲洗，去掉盖子或塞子，按透明、绿色、棕色分好类。

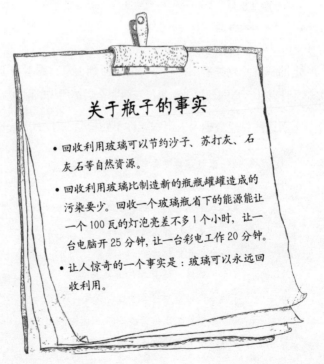

关于瓶子的事实

- 回收利用玻璃可以节约沙子、苏打灰、石灰石等自然资源。
- 回收利用玻璃比制造新的瓶瓶罐罐造成的污染要少。回收一个玻璃瓶省下的能源能让一个 100 瓦的灯泡亮差不多 1 个小时，让一台电脑开 25 分钟，让一台彩电工作 20 分钟。
- 让人惊奇的一个事实是：玻璃可以永远回收利用。

废弃罐子重新利用

2001年，英国的各个垃圾填埋点共堆了300万个铝罐。这些罐子完全烂掉需要数千年之久。该你采取行动了，回收利用吧！

地球表面矗立的摩天大厦并不可怕，可怕的是地底下矗立的垃圾大厦，我们面临着与之一起完结的危险。

坏习惯到你为止

• 你真的需要那些泡沫饮料吗？答案是：不需要！找个回收的瓶子，装上水，喝吧。

• 购买新鲜的水果和蔬菜，不买罐装的。不要让你们家的橱柜里装满那些从来不见天日的水果和汤类罐头。

摘掉六罐装托架保护鸟类

当你买罐装饮料时，它们是托在一个塑料托架里吗？罐子上带拉环吗？如果是的话，在扔掉六罐装托架之前，先把它切碎。在把罐子扔进垃圾桶之前，要把拉环从罐子上拽下来，压平罐子。许多动物和鸟儿，就是因为陷进了罐子和六罐装托架或者被它们卡住，才送了命。

设计一个回收系统

去参观一下你们当地的垃圾回收中心，记下都有什么东西给扔了、什么东西能回收利用。在大多数国家里，可回收利用的材料无外乎如下几样：玻璃，罐头盒，塑料，纸、硬纸板。在一些国家和地区，政府甚至鼓励人们回收利用衣服和鞋子。

坏习惯到你为止

要把它当作一项工作来做，为你们家建立一个回收系统：

• 找出你们所在地区都回收什么东西。看看它们是否曾经从你家里被收走过，或者，看看你们是否必须把它们拿到回收点。

• 开列一个清单，列出你们家从现在开始必须回收的所有东西。让家里每个人都看看，然后粘到你们家的垃圾桶旁边。

• 一些地方政府提供特制的垃圾桶和垃圾袋，用来装不同种类的回收材料。如果你们当地的政府不提供，你就找一些盒子，贴上标签，标明每一只盒子里应该放入哪一种回收材料，然后让家里每个人都知道这一点。

• 认真监控你们家的回收进展状况。

以物易物商店

特　卖

　　你最后一次清理你不想要的玩具、书、电子游戏、CD 盘、DVD 盘是在什么时候？在卖新的之前，先把旧的回收了。不要把它们往垃圾桶里一扔了事，除非坏了无法再修。把它们拿到杂货拍卖行好了，送给慈善商店也行。或者，干脆在 eBay 网站或汽车行李箱货物大卖场卖了，好换些钱。

　　这样也行，就是把 DVD 盘和书送到图书馆，或者用你不想要的东西换你同伴不想要的东西。有些东西虽然别人不想要了，但对你来说却有可能是宝贝。

重复利用、回收纸张

你知道我们扔的最多的是什么吗？答案是：纸张和卡片。平均下来，一个人一年使用和扔掉的纸张相当于七棵树。

这样做太蠢了！其实重复利用以及回收纸张不仅再容易不过了，而且还很起作用。更有甚者，用回收的纸造纸与用砍倒的树木造纸相比，可以节省 64% 的能源以及 58% 的水。

坏习惯到你为止

下面有一些方法，可以减少你们家的用纸量。

• 纸张的正反面都要用上，用纸片开列购物清单。

• 彼此间留信息时使用黑板，不要粘纸条。

• 双面印刷纸张。在电脑打印机旁放一个空盒子，搜集单面印的纸张，好再次使用。

• 多从汽车行李箱货物大卖场或二手货商店购买书籍。

• 与朋友分享书籍和杂志。

• 多买用回收的纸制造的东西，比如说，厕所用卫生纸，厨房用卫生纸、信纸、包装纸、笔记本，等等。

• 把用过的厨房卫生纸之类的纸制品放进堆肥箱（报纸也可以放进去。不要往里面放闪闪发光的杂志，因为印制这些杂志所用的油墨可能含有难以处理的毒素）。

• 把不能重复利用或制成堆肥的报纸、纸、卡片放进回收箱。知道吗？如果我们回收所有的报纸，那么每年就能少砍 25 亿棵树。

尽量使用电子邮件

所谓垃圾邮件，就是想跟你做生意而你并没有要求它们与你联系的公司发送的邮件。对那些不得不将其处理掉的人来说，垃圾邮件简直让人头痛。很多人根本就不读垃圾邮件，便直接将其扔掉。

坏习惯到你为止

• 注册一个"信件选择服务"，不再接收垃圾邮件。或者，与邮政局联系，告知对方除非上面标明是写给家里某个成员的信件你们才接收，否则就不要投递了。

• 当你购买邮品或订阅报刊时，申请一个信箱。这个信箱将来会为你提供产品促销广告或其他邮件。如果你不想要信箱，一定要让邮局知道。

• 一定要让家里的每个人接收通过 e-mail 发送的销售信息，不接收邮寄的销售信息。

• 在前门贴一张如下的便条，警告那些把传单和广告投进你家信箱的让人厌的家伙。

拒绝一切垃圾邮件，谢谢你。我们说到做到！

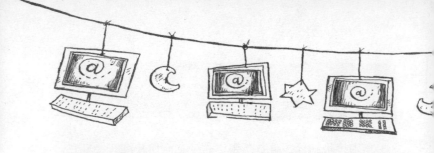

放弃贺卡

能收到远方的家庭和朋友寄来的生日、圣诞贺卡，是一件很让人开心的事情。不过话又说回来，你真的需要这些贺卡吗？仅仅为了制作圣诞贺卡，每年就有数百万棵树被砍倒；而圣诞节刚过，就有数十亿张圣诞贺卡被投进了垃圾桶。

坏习惯到你为止

• 用电脑制作贺卡。不要印制出来，用 e-mail 发送好了。这样做不仅省纸、省买邮票的钱，邮局也节省了投递消耗的燃料。如果你感觉自己没有创造性和灵感，没有关系，很多网站都提供制作好的电邮卡片，还配有音乐和图片呢！

• 如果真的想送某个家人或同学一张贺卡，建议全家或全班只送一张，让每个人都签上名字。这样做不仅会省下很多贺片，也省下很多信封。

制作自己的圣诞饰物

下个圣诞节的时候，别一看到商店那些闪闪发光的塑料卡片和饰物就失去了理智。那些玩意儿可是不能回收利用的啊！别买了，自己制作吧。使用随后可以让你们和你们家花园里的鸟儿吃掉的东西，怎样？

• 用线把爆玉米花和花生（带壳的）串在一起。

• 用面团或姜饼制作圣诞树饰物，用丁香或切碎的硬纸板包装装饰橘子。等圣诞节过了，所有这些东西均可制成堆肥。

• 用冬青或常绿树枝装饰你们的家，不要用金属箔。不要过多砍伐树枝，否则会使树受到损害，会扰乱当地野生动物的栖息地。不要砍伐带浆果的冬青树枝。带浆果的冬青树枝虽然很好看，但鸟儿就吃不成浆果了，而我们自己又不吃。小心别伤着槲寄生，要知道，有些槲寄生种类已经濒临灭绝。圣诞节过后，要把所有这些绿色植物制成堆肥。

重复使用信封

打开信封时要小心，不要撕破。接下来，用带胶邮票盖住原来的地址和邮票。等下次你再寄信时，就可以使用你回收的信封了。手边放上胶带，好用来封住信封口。

对了，即使那些由于你打开时太激动不小心撕坏的信封，也不要扔掉。搜集一批，然后再在边角打个洞，用带子系住，做成一个便笺。

回收鞋子

不妨把一只旧运动鞋放到堆肥堆上，看看它完全烂掉究竟需要多长时间。

或者，换一种方式思考，不往堆肥堆上放，就找个地方放着好了。你可能会发现，鞋子里住着一窝虫子；你还将不得不看它很长时间，才会看到烂掉。现在，请你想想，每天会有多少鞋子堆放在垃圾填埋点？至少有几百万只吧！仅仅在英国，消费者每年购买的新鞋子就有两亿六千万双。

坏习惯到你为止

● 在被扔掉的鞋子里，很多只是稍微破了一点。一定要把看着就像新的或者耐穿的运动鞋送给朋友、送到慈善商店或鞋子储藏所。为什么不发动学校里的所有师生把不想要的鞋子收集起来呢？在把鞋子送走之前，一定要把每双鞋子系到一起，这样就不会与别的鞋子搞混了。

怎样处置存放在鞋子储藏所的鞋子？

一部分送到了国外。其他的被用于专门的计划，例如耐克体育用品公司1993年发起的"重复利用一只鞋"计划。旧的运动鞋被磨碎，制成一种材料，用于铺设跑道、网球场场地以及孩子的游乐场。

购物塑料袋重复使用

购物袋是用一种被称为聚乙烯的塑料制成的，是我们星球单个的最大的污染源。在美国，每年扔掉的塑料袋有 1 万亿个。在英国，每人每年平均用 134 个塑料袋。

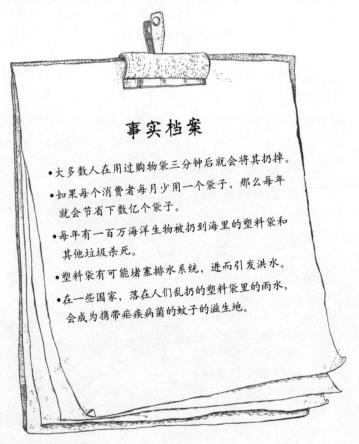

事实档案

- 大多数人在用过购物袋三分钟后就会将其扔掉。
- 如果每个消费者每月少用一个袋子，那么每年就会节省下数亿个袋子。
- 每年有一百万海洋生物被扔到海里的塑料袋和其他垃圾杀死。
- 塑料袋有可能堵塞排水系统，进而引发洪水。
- 在一些国家，落在人们乱扔的塑料袋里的雨水，会成为携带疟疾病菌的蚊子的滋生地。

坏习惯到你为止

• 买一些结实的袋子，每周去超市都能用。

• 给家里买一些"能用一辈子的袋子（结实、可以重复使用的塑料袋）"，确保每个人去商店时都拎着这样的袋子。

• 买没绑在一起的水果和蔬菜，不买放在聚乙烯托盘、用塑料包裹的东西。此外，不要把买来的东西放进塑料袋，否则就会前功尽弃。最好把买来的东西直接放进购物篮里。

• 如果你已经把一个塑料袋带回了家，那么下次购物时一定要使用它。

能用一辈子的袋子

仿照下面的模板，给你们当地的超市写一封信，明确写出你对超市的要求。让朋友们也这么做。

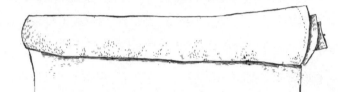

亲爱的先生／女士：

在这个世界上，减少使用塑料袋的数量势在必行。

我请求你们做两件事：

A. 为顾客提供"能用一辈子的袋子"。

B. 如果顾客索要普通的塑料袋，就向他们收取费用。

在一些国家，超市向索要塑料袋的顾客收费，结果他们使用的塑料袋减少了90%。

您忠诚的……

购物车是不错的选择

对用不着的购物袋说"不"吧!

为什么不给家里买一个带轮子的袋子呢? 这样的话,每次去购物都能带着了。就这样干吧! 相信你能创造一种时尚。

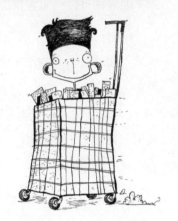

少用包装材料

知道吗? 垃圾场里三分之一的垃圾是旧包装。

相关公司正在研发可以腐烂的塑料。这种塑料由糖和其他碳水化合物制成,填埋几个月后就会烂掉。但不幸的是,这种塑料成本太高。因此呢,我们应该尽量少用包装材料。

坏习惯到你为止

• 购买装在容器里的产品。这就意味着，使用完产品后，剩下的容器可以一用再用。

• 为什么不给家里买几只旅行杯呢？这样的话，到了咖啡店，用旅行杯装咖啡，就可以不用店里提供的聚苯乙烯杯子了。

• 不要购买一次性的塑料产品，例如，照相机、塑料刮胡刀、野餐盘子和餐具。它们最终会被扔到垃圾填埋场。要买就买耐用的东西。

• 如果一定要用包装，就选硬纸板类型的，不选塑料制成的。

回收手机

在欧洲，每年扔掉的手机有 1 亿部之多，其中只有 5% 被回收，剩下的全部进了垃圾填埋场，手机里的金属（包括金、银）白白地浪费了。不仅如此，手机里还包含镉、汞、铅、砷等有毒物质，而这些物质会渗进土壤。拿铅来说吧，就是摄入一丁点儿，也会损及我们的肾、肝、大脑、心脏、血液和神经，导致失忆，影响行动和生殖。

坏习惯到你为止

• 如果手机还能用，就继续用，不要急着更新换代。

• 如果的确想换手机，就与一个慈善组织（如牛津饥荒救济委员会）取得联系，他们会重新利用或者回收你的手机。找个相关网站也行，他们不仅会回收你的手机，还会付给你钱。

• 为什么不在学校里开展搜集旧手机活动呢？丢在每家每户抽屉中的手机之多，将会让你大吃一惊。

你知道吗，一个手机电池泄漏了，能污染 59800 升的水？

用可以充电的电池

很多标准电池里都包含有害物质。如果把电池拉到垃圾填埋点填埋，那些有害物质就会渗入土壤。买充电电池吧，再买一个充电器。在报废之前，充电电池可以一用再用。

回收油墨盒和电脑

不要让你认识的每一个人，就因为觉得电脑过时了，便把电脑扔掉。别的人可能会很高兴拥有它。

如果的确想换电脑，就把它送到垃圾回收中心好了，那里的人会将其妥善处理的。电脑包含有害的化学物质，这些物质有可能渗入土壤。

也不要忘了回收油墨盒。渗漏的油墨污染环境，制作油墨盒的塑料也要很多年才会烂掉。

到网上搜搜，找一些相关慈善组织，他们收集、回收油墨盒，不会把油墨盒直接送到垃圾填埋点。这些慈善组织筹集善款，用于帮助世界上那些最贫穷、最容易受到伤害的人们。

创造性地利用垃圾

这里有一些主意，可以让你成为一个有创造性的回收利用者。

把空麦片盒子漆一下，粘到一起，做成纸质文件归档系统。

用搪瓷涂料涂抹果酱罐，放入茶蜡，等你们在花园举办整夜烤肉宴时，用来照明。

把洗手间用卫生纸里面的硬纸管切碎，涂上颜料，制成餐巾圈。

用颜料和闪粉装饰旧冰淇淋筒，用来装面团、钢笔之类的东西。

用一根绳子把旧CD盘串起来，挂到卧室里，让卧室里闪闪发光。

把旧CD盘盒子装饰一下，用作相片框。

第五章
必须立刻停止污染环境的行为

有毒的排放物正在摧毁地球。这些排放物包括：工厂向天空排放的有毒化学物质，抛入河流的废料，把旅客运送到世界各地的汽车和飞机排放的气体。

污染我们星球的排放物每天都在增加。

你该检查一下你们家对待地球的方式了，该检查一下你们家周游世界的方式了。不要让地球变成一个更脏的地方，让地球洁净如初吧！

本章精彩内容

拯救我们的海岸

我们的海洋正在遭受有害化学品和污水的严重污染，海洋动植物，甚至在海边戏水的人们，无一例外，都受到了伤害。

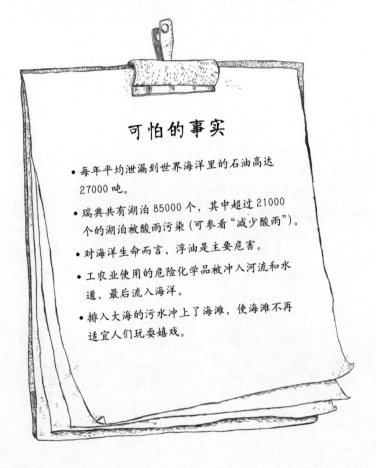

可怕的事实

- 每年平均泄漏到世界海洋里的石油高达 27000 吨。

- 瑞典共有湖泊 85000 个，其中超过 21000 个的湖泊被酸雨污染（可参看"减少酸雨"）。

- 对海洋生命而言，浮油是主要危害。

- 工农业使用的危险化学品被冲入河流和水道，最后流入海洋。

- 排入大海的污水冲上了海滩，使海滩不再适宜人们玩耍嬉戏。

坏习惯到你为止

保持海岸安全，你也有一份工作要做。

• 不要在海滩上丢垃圾，一定要把垃圾带回家。举个例子，购物袋和气球会危及海洋生物。如果它们被吹进水里，就会被海洋生物误认为食物。海洋生物一旦把它们吃下，就会错误地以为自己已经饱了，到头来不免忍饥挨饿。

• 如果生活在海边，就加入相关自然保护组织，一起清理海滩吧。你们当地的图书馆有更多的相关信息，不妨去查查。

拯救我们的溪流

如果你不是生活在海边，就参与保护你们当地的河流、池塘和湖泊好了。丢进水里的树枝和垃圾会堵塞水道。水不能自由流动就会发臭，水里的动植物就会死亡。

找找看，在你们当地不难找到致力于保护溪流、湖泊和江河的组织。参加这样的组织，参与相关活动，不仅对环境有益，也能让你结识那些积极拯救地球的人们。那些人很酷的！

保护我们的学校环境

在学校创立一个俱乐部，保护当地的自然美景。如果周边没有明显的自然美景，如河流、森林、海滩，保护学校的操场其实也很不错的。

把朋友们组织起来，清理人们丢下的垃圾。告诉学校的工友，请他们用环境友好型的方法杀死害虫和野草。此外，你还可以向他们说明在炎热的夏天浇灌草地会浪费多少水。

减少甲烷的排放

如果寻根问底，那么牛羊之类的动物打嗝、放屁都会制造甲烷。这听起来够糟的，因为甲烷是一种温室气体（可参看"检查温度调节器，减少温室气体排放"）。

由于地球上人口的持续增长，需要更多的农业动物来提供衣服和食物。这样一来，打嗝和放屁就会增加。这意味着甲烷的增多，意味着有害的温室气体增多。

坏习惯到你为止

• 少吃肉，这样就用不着养那么多放屁的动物了。

• 少买衣服。如果可能，就买用回收材料制成的衣服。即使每个英国人只买一件用回收材料制作的套头衫，也会节约371亿加仑水，节约480吨化学染料，省下的电可以让一个普通家庭使用47.51亿天。仅仅在澳大利亚，就有1.14亿只生产羊毛、制造甲烷的绵羊！

• 如果发现那个动物放屁，揍它——开个玩笑，别当真！

科学家估计，14%的甲烷来自放屁的农场动物。就是说，这些家伙制造污染的本事比汽车还大。

哎哟！原谅俺吧！

减少酸雨

当发电站、工厂和汽车燃烧燃料，温室气体就会溜入空气。这些气体中的一些与云层中的小水滴产生反应，形成硫酸和硝酸，落到地面，就是酸雨。

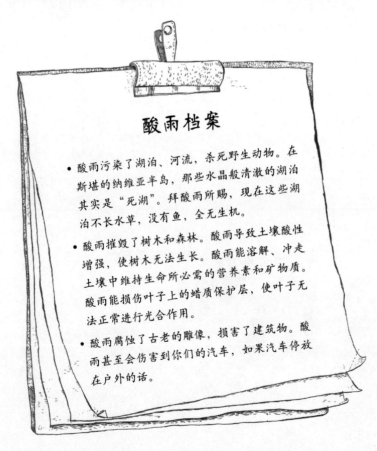

酸雨档案

- 酸雨污染了湖泊、河流，杀死野生动物。在斯堪的纳维亚半岛，那些水晶般清澈的湖泊其实是"死湖"。拜酸雨所赐，现在这些湖泊不长水草，没有鱼，全无生机。

- 酸雨摧毁了树木和森林。酸雨导致土壤酸性增强，使树木无法生长。酸雨能溶解、冲走土壤中维持生命所必需的营养素和矿物质。酸雨能损伤叶子上的蜡质保护层，使叶子无法正常进行光合作用。

- 酸雨腐蚀了古老的雕像，损害了建筑物。酸雨甚至会伤害到你们的汽车，如果汽车停放在户外的话。

如果想为减少酸雨加把劲儿，最好的方式莫过于按照本书的建议，节约燃料，节省能源。

噢，对了，如果确实想把车子留在家里，最好把它开到车库里，否则它就会淋酸雨的。

能不开车就不开

知道吗？人们开车去的地方，路程大多不超过 5 英里。就是说，即使步行或骑自行车去要去的地方，也只是小菜一碟。也许人们不了解，其实平均下来，汽车每烧 1 加仑汽油，就会向大气层排放 9 千克的二氧化碳。

一定不要去犯不着去的地方。说服家人，如果可能，就把车子留在家里。为什么不来个比赛呢？不开车，看谁能把整个周末对付过去。

同乘一辆车出行

把这个主意向与你同上一所学校、与你住很近的朋友说说。搞个"同乘一辆车往返学校"活动，怎样？所谓"同乘一辆车"，就是各个家庭轮流开车，车里坐满孩子，往返学校。给"同乘一辆车"排个值班表，怎样？

"同乘一辆车"是一种很棒的方法，可以节省能源，减少温室气体的排放。说服爸爸妈妈，让他们与同事也"同乘一辆车"上下班。

家庭成员互相监督

在导致全球变暖的温室气体中，大约 12% 是交通工具制造的。还等什么呢？该监控你们家的出行习惯和出行决策了！

先从你们家的汽车开始，观察爸爸妈妈的驾车习惯。他们车开得稳当吗？他们碰到红绿灯，需要停 30 秒以上时，关发动机吗？汽车行李箱里是否只装有必需的物品。车开得稳当、关发动机、只装必需物品是明智之举，可以明显减少汽车的耗油量。

还要告诉爸爸妈妈定期检查车况。一个运转良好的发动机排放的有害物质要少一些。如果所有车主都定期检查车况，那么大气层就会减少数百万千克二氧化碳。一定要让爸爸妈妈把车开到车库，检查轮胎气足不足，因为充气不足的轮胎会消耗更多能源。一定要让爸爸妈妈检查车子的空调系统，确保车子不向空气中排放有害化学物质。

让爸爸妈妈填写下面的问卷，看看他们在车子方面的环保意识强不强。如果他们回答"是"的次数越多，那么他们就越有必要改变驾车习惯。

问题	是	不是
A. 你们家是否拥有一辆每公里只耗油1升的汽车?		
B. 经常用车多吗?		
C. 你们的车开了有五年以上吗?		
D. 你们家是否经常开车去很近的地方, 其实根本不用开车?		
E. 买了车后, 检查过汽车的空调系统吗?		
F. 你们家的驾车者车子开得快吗? 是否碰上塞车就不耐烦地让发动机空转?		
G. 早上, 当你抓着袋子往车里挤的时候,你的爸爸妈妈是否让发动机空转?		
H. 你的爸爸妈妈是否定期检查车况?		
I. 你的爸爸检查轮胎压力是不是一周前的事情?		
J. 你们车的行李箱里是否塞满了用不着的东西, 例如爸爸的高尔夫球杆、折叠帆布长椅、背包, 等等?		

开慢点儿更省油

一辆车，无论开得太快或太慢，都会比按照限定速度行驶时消耗更多的汽油，因为按照限定速度行驶，发动机运转得最有效率。等什么呢？该你站出来了！无论是你们家谁开车，无论他是把车开得像乌龟爬还是开得像狂奔的野兽，都要加以制止，告诉他按规矩来。

告诉家人，如果车速每小时比最高限速慢 8 千米，车程 13 千米以上，那么每年可以少排放 250 千克二氧化碳。

再说了，开那么快干嘛？

自动化洗车更浪费水电

不要让父母把车开到自动化洗车场洗车。自动化洗车会消耗大量的水、电和化学制剂，比用水桶和海绵多得多。

可以把用手洗车作为惩罚，惩罚家里那些犯了本书描绘的"破坏环境罪"的"罪犯"。

骑自行车出行

骑自行车出行百分之百环保。除了生产、运输消耗的资源外，自行车再没伤害过地球。噢，对了，骑自行也是一种很棒的锻炼方式。

如果没自行车，就到附近问问，看谁长大到骑不了他的自行车了；或者，到汽车行李箱货物大甩卖上碰碰运气；再不成，就登陆 eBay 网站。买到车后，找个朋友检查一下，看适不适合在公路上骑，适合了再骑也不迟。

几条有用的建议

• 一定要戴头盔，穿合适的衣物。天黑后，打开车灯，穿反光的衣物。
• 学习交通规范、规则，通过骑自行车技能测试。
• 在公路上骑自行车时，千万不要听音乐。
• 不要在人行道上骑自行车。

知道吗？骑自行车一小时可以消耗 400 卡热量，而开车一小时只能消耗 58 卡热量。

步行最好

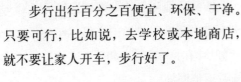

步行出行百分之百便宜、环保、干净。只要可行，比如说，去学校或本地商店，就不要让家人开车，步行好了。

如果一下子说服不了爸爸妈妈，就提醒他们，犯不着花10分钟找停车车位，花钱停车也不值。

假定每天需要移动10英里，可以选择开车、乘公交车、乘火车、步行等方式，那么每一种方式每年会排放多少吨的二氧化碳呢？

看了下面的图表就清楚了。

小轿车 0.75吨	公交车 0.6吨	火车 0.3吨	步行 0吨

多选择坐火车

铁路是最环保的大规模运输方式。与开车出行相比，乘火车每人每英里排放的二氧化碳要少六分之一。下次你们家计划度假时，要带着责任感安排旅行，找出怎样做才能乘火车往返度假地。

尽量少乘飞机

随着飞机票价越来越便宜，天空中的航班越来越多。这里有一个事实，让人看了吃惊：每天有 250 万人飞过大都市巴黎的上空！

下次再听到头上有飞机飞过时，要抬头观看，看能不能看到，在飞机在飞过去的天空中，留有一道扩散的白线。这些白线其实是凝结尾流或航迹云，是喷气发动机喷出的炽热、湿润气体与大气层中较冷空气交汇形成的。

航迹云看着似乎是白色的，但你应该把它想成高速飞行的飞机留下的污迹，或者，想成"喷气飞机印痕"。

航迹云有可能扩散开来，形成卷云。与低垂的云不同（低垂的云厚，能挡住阳光），卷云可以让阳光穿过，但会挡住从地球上发出的热量。总之，航迹云正在为我们星球危险的变暖做着"积极的贡献"。

关于飞机的一些事实

• 一架喷气飞机飞一英里消耗的能源、排放出的二氧化碳，几乎与飞机上的每个乘客都跳上汽车行驶一英里消耗的能源、排放的二氧化碳一样多。

• 起飞和降落消耗大量燃料，无论短途航班还是长途航班都一样。

坏习惯到你为止

• 和家人讨论一下，看什么样的航班可以不坐。坐上飞机到国外去探险很棒，但对我们遭受污染的大气层就不那么妙了。如果你们家正在计划去度假，为什么不投票表决来个国内游呢？可以去野营，可以去高山骑自行车，可以登山，可以划船，可以骑马，可以在一个农场住上一段时间。

用脏脚印衡量碳排放

如果我们做的事情导致了空气中二氧化碳之类的温室气体增多，那么我们就是在弄脏、污染地球，使其更加不适于居住。我们在全球都留下了肮脏的"碳足迹"。至于什么是"碳足迹"，看看下文就会明白。

你们家的碳足迹的大小取决于你们家排放的二氧化碳的多少。你们家排放二氧化碳的情况包括如下几种：看电视，加热你们的家，玩电子游戏，开车出行，乘坐飞机，你们买的衣服，你们不回收利用的东西。

碳足迹

人类活动制造了大量的温室气体，对地球造成了破坏，所谓碳足迹就是测量这些破坏的一种尺度。碳足迹的大小以二氧化碳的多少为准。

碳足迹

你的生态学足迹就是养活你所需的土地的数量。这里面不仅包括种植你吃的粮食所需的土地，也包括你喝的水、用于制造你所购东西的材料以及掩埋你制造的垃圾所需空间。一个人的年平均生态学足迹是 2.4 公顷土地，比标准土地多出了 20%。未来我们应大大改变我们的贪婪，只有这样地球才会为我们提供足够的空间，让我们好好生活。在发达国家，大多数人多吃多占，这不公平。

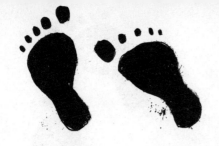

坏习惯到你为止

• 计算你们家的碳足迹。这会让你的家人深刻认识到节约能源的重要性。缩小你们家的碳足迹吧，设定一个缩小目标，以一年为期。

有一些网站可以帮助你计算你们家的碳足迹。你不妨试试下面这两个网站：

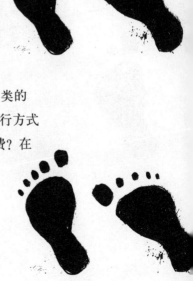

www.carbonfootprint.com/calculator.html

www.carboncalculator.co.uk

这些网站会向你提出诸如此类的问题：你们家几口人？你们的出行方式怎样？你们家一年支付多少能源费？在求助于这些网站之前，最好先把所需信息收集起来。

了解碳补偿

如果还想让我们的星球得以幸存，那么就应该做出努力，减少或抵消排放入大气层的温室气体。有一种方法可以做到这一点，那就是"碳补偿"。

碳补偿

碳补偿是人们和一些公司采取的一种方法，用来抵消其活动导致的温室气体排放。他们给一些专门组织付费，让这些组织将温室气体从大气层中清理出去，或者减少世界另一部分的温室气体排放。碳补偿减少了温室气体排放的效应，其目标是与全球变暖作斗争。

碳补偿组织用于抵消温室气体的方式不尽相同。一些组织用你给的钱栽树，让树吸收二氧化碳、"呼出"氧气。另外一些组织会用你给的钱资助相关研究，寻找可持续能源的方法。

通过网络了解碳补偿组织，鼓励家人补偿各自的碳排放，你义不容辞。不过要记着，减少碳排放应该放在第一位，永远比碳补偿要好。

补偿你排放的碳

"碳补偿"你造成的污染，怎样？这样想想容易，做起来就难了。如果一天上午你坐私家车去学校，怎么补偿呢？从本节建议的补偿选项中选一个吧。

"碳犯罪"：

坐私家车去学校

补偿选项：

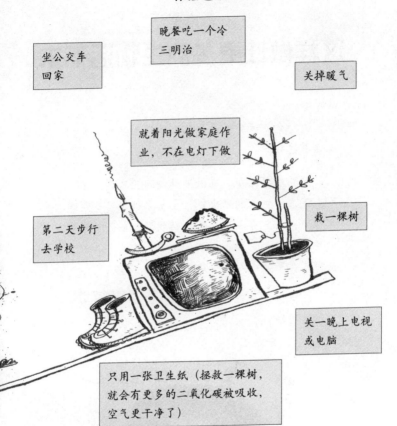

晚餐吃一个冷三明治

坐公交车回家

关掉暖气

就着阳光做家庭作业，不在电灯下做

栽一棵树

第二天步行去学校

关一晚上电视或电脑

只用一张卫生纸（拯救一棵树，就会有更多的二氧化碳被吸收，空气更干净了）

上面的选项看着有一点傻，不过其目的是要让你的"碳生活"达到平衡。因此呢，如果某一天你洗了个热水澡，那么在这一周剩下的几天就简单地冲冲淋浴。如果某一天你发现灯亮了一晚上，那么第二天就穿上一件毛衣，不开暖气。如果某一天你购买了新东西，那么第二天就回收一些东西。

第六章

这样做让更多的生物活下来

这一章关注的是在地球上生活的动物，它们也需要拯救。

就在此时此刻，有很多种动物正从地球上消失。现在消失的物种比以往多出了很多。有科学家认为，目前有高达100万种的动植物处于灭绝的危险之中。它们如果哪一天真的灭绝了，那就是拜人类所赐，人类难辞其咎。

千万不要让自己成为全球人人切齿的生态罪犯，当心啊！

本章精彩内容

不要成为旅游"麻烦制造者"

有些类型的旅游正在伤害我们的星球。设想你发现了一片处女地，有海，沙滩美丽，鱼翔浅底；有森林，动物跳跃，鸟儿呢喃，昆虫飞舞。等回到家后，你把这一切告诉了所有的朋友，于是他们决定去那里看看。

会怎样呢？不出五年，就会有一系列的环境恶果出现。

第一年：海滩上支满帐篷，一个地产开发商计划建造一座五层高的旅馆。

第二年：大片森林被砍倒，腾出的地方将用来修建高尔夫球场和网球场。

第三年：旅馆里挤满了游客，当地生产的粮食已经不够吃了，只好从别的地方运来很多产品，结果消耗了大量的燃料。

第四年：每天都有渡船往返海中小岛，干扰了海中的鱼儿，污染了海水，而娱乐性质的巡航和漫不经心的潜水者则破坏了当地的珊瑚礁。

第五年：旅馆制造了大量的垃圾和污水，其中的一些被运走了，另外一些要么被就地焚烧，要么被就地填埋，要么被直接丢进了大海……

……唉！

看看，还是不要考虑到奇异、没有遭到人类劫掠的地方旅游吧！到那样的地方旅行，不仅会让你们家花一大笔钱，也会使我们的星球付出沉重代价。

资助雨林保护

有一个非常非常可怕的事实，想知道吗？如果没有雨林，地球上的所有生命都将灭亡。由于树木被砍伐，雨林正以吓人的速度毁灭着，每秒钟有两块足球场大小的雨林消失。

由于利益的驱使，地球上近半数雨林已经消失。如果按照目前的速度，到2060年，雨林将荡然无存。

让所有你认识的人都出资保护一片雨林。在网上搜搜，搜出那些致力于拯救雨林的组织。如果你的朋友问凭什么也要让他们卷进去，就让他们看看下面的这些事实，检验一下。

关于雨林的一些事实

- 热带雨林是我们呼吸的空气的最大制造者。

- 热带雨林吸收了大量的有毒的二氧化碳。这样做的同时，使世界的气候趋于稳定。

- 清除、焚烧热带雨林排放的温室气体最高可达人类所排放温室气体总量的25%。

- 雨林可以控制降雨量以及土壤中水分的蒸发，进而影响天气。

- 雨林不仅是土著居民的家，也是全球三分之二物种的家（约有5000万～7000万生命形式）。

- 发达世界三分之一药物的原料来自雨林植物。举个例子，马达加斯加的红色长春花被用于治疗儿童白血病。

  如果雨林被摧毁，这些原料就会消失。

不要采摘野生植物

很多野生植物要么已经消失，要么濒临消失。究其原因，最主要的一方面，是清除林地、灌木丛、森林，为农业让路。不过话又说回来，采摘野花也是一个大问题。现在，从兰花到苔藓，很多野生植物都受到了保护。这是因为在过去，人们采摘得太多了，结果导致了这些植物的数量大为减少。

一定不要采摘野生植物；如果家里谁那样做了，一定要阻止他。

当心旅游纪念品

旅游纪念品正在威胁着一些最濒危的动植物。现在，被禁止进行国际贸易的动植物超过了 800 种，此外还有数千种被列入了严密的贸易管制名录。

因此在购买纪念品前，一定要三思而后行。再说了，如果你买了，很有可能会触犯法律。

我的禁买纪念品清单

- 珊瑚、象牙、乌龟壳（通常镶嵌在珠宝上）
- 鳄鱼皮、蛇皮、蜥蜴皮（往往被做成鞋子、腰带和手表带）
- 植物，例如兰花（可能已经很罕见了，并且不见得适合在你居住的国家生长）
- 美洲豹皮、虎皮、海豹皮（有时会被做成钥匙环或钱包）
- 海贝（巨大的蛤蜊壳和海螺当然不方便携带，但其他种类的贝壳最好也留给大海吧）
- 活鸟、活昆虫、活动物
- 仙人掌
- 鱼子酱

不要买毛皮制品

如果买看着像毛皮制品的东西，一定要先搞清它是不是人造的。很多动物（包括猫和狗）的毛皮被用于制造花球、毛皮衬里的靴子、毛皮装饰的外衣和手套以及动物类的玩具。

同时还要当心被商标误导。有一些商品，明明是毛皮制作的，却被描绘仿制品。不要心存侥幸，不要购买。

与毛皮相关的一些不好的事情

- 据估计，在中国，每年被杀掉的猫和狗高达200万只。其中，有相当一部分之所以被杀掉，就是为了用它们的毛皮制造产品。
- 毛皮动物饲养场每年杀掉的动物高达3000万只。
- 制造一件人穿的皮衣需要用100张栗鼠皮。
- 1996年，虽然政府下令禁止捕杀幼海豹，但仍有268921头海豹在加拿大海岸被杀死。

收养一只动物

拜我们所赐，我们最喜欢的一些动物面临着灭绝的危险。为了要它们的皮，要它们的牙，要它们的角，或者仅仅为了娱乐，有些人连稀有动物都杀，真够卑鄙无耻的！野生动物保护组织正在竭尽所能地保护这些动物，如果你参与进来，也能助一臂之力。

坏习惯到你为止

• 只要每月拿出一小笔钱，就能帮着拯救一只大熊猫、一只大猩猩、一头大象或一只朝天犀牛，并且你还不用喂它们、清洁它们。如果你自己的钱不够，就在过生日或圣诞节时，请亲友出资为你收养一只动物，当做送你的礼物。

一旦你选好了要收养的动物，支付了捐款，就等着吧，你将收到一个收养证书，收到与"你的"动物相关的信息。

去动物园学习怎么保护动物

　　动物园与野生动物园致力于拯救濒危物种。如果你去动物园，支付门票钱，就可以帮助维护动物的安全，让它们不至于饿肚子。

　　想支持你们当地的动物园或野生动物公园，就一定要去那里参观。了解一下那里是怎样照看与喂养动物的。不过一定要记着，那些动物之所以在那里，可不是仅仅供你看的。那些动物之所以在那里，是因为我们摧毁了它们的家园，把它们的同类捕杀得近乎灭绝。如果你不出手相助，很多我们喜爱的动物就会从地球上消失。

告诉渔夫保护水鸟

就因为吃食儿时一并吞下了铅质的捕鱼重物，很多水鸟死去了。铅是一种毒性很强的物质。不久前，相关部门已经禁止渔夫使用这种铅质的捕鱼重物，使问题得以缓解。但是呢，天鹅之类的水鸟也受到渔夫漫不经心抛弃的鱼钩和尼龙钓鱼线的威胁，这两样东西都可能使我们美丽的水鸟疼痛而死。

如果你或你认识的任何一人喜欢钓鱼，一定要尊重水鸟及别的易受伤野生动物。

留意金枪鱼罐头上的海豚标签

很久以前，渔民们就知道，金枪鱼喜欢在海豚群下面游戏。海豚很容易被看见，渔民为了捕获游在下面的金枪鱼，常常对着海豚撒网。

据估计，在过去的五十年里，由于被渔网缠住，约有700万只海豚溺死。

就是现在，渔网仍然会把海豚网住。不过好消息也是有的，那就是在1990年，"海豚安全"标签被引介到金枪鱼罐头上。

如果罐头上贴着此种标签，就意味着在捕获该罐头所装金枪鱼的过程中，没有海豚受到伤害。因此买金枪鱼罐头时，要看看上面贴没贴此种标签。如果没有，就不要买，让它留在超市货架上好了。

不要与海豚一起游

有很多旅游地给游客提供与海豚一起游的机会。这听起来就像在赞美海豚这种令人惊叹的生物，独一无二，让人神往，值得一试。

不幸的是，游客与之一起游的海豚原本是在海里的，结果被故意赶入河流，以便让游客接近。在此种情形下，有些虚弱的小海豚死去了。让海豚离开其自然的生存环境，这公平吗？

给鱼儿扔一条救命索

在过去的五十年里，快速发展的商业捕鱼技术使海洋里的鱼大大减少，其后果是毁灭性的。

与鱼有关的事实

- 大型的工厂型捕鱼船可以在海上停留数周之久，直到装满一船鱼。这些捕鱼船直接在甲板上把鱼冷冻、装罐。
- 捕鱼船使用雷达锁定鱼，使用大网捕鱼，几乎能把鱼一网打尽。渔网的网眼变小，小鱼还来不及繁衍，就被逮着了。
- 在捕捞鲑鱼和金枪鱼的过程中，每年被误杀的海豚有数千头之多。
- 过度捕捞也威胁到了鱼赖以生存的动物。举个例子，在大西洋，捕捞磷虾（红色的小虾）威胁到了吃磷虾的鲸。

坏习惯到你为止

- 留意哪些种类的鱼正遭受威胁，确保你们家不买这些鱼当晚餐。

对鱼的需求越少，被捕获的鱼也就越少。

拯救一头鲸

蓝鲸是现存的最大动物。在上个世纪，由于过度捕捞，有些种类的鲸，如蓝鲸和座头鲸，已经濒临灭绝。

世界各国政府最后终于出面干预，自 1986 年以来，商业捕鲸已经被禁止。其结果是，鲸的数量在缓慢回升。可悲的是，现在有些国家（包括日本、冰岛、挪威）又开始捕鲸了。

坏习惯到你为止

• 为什么不请求父母，一家人一起去观鲸呢？绿色和平组织宣布，如果冰岛水域不再是捕鲸场，而是成为鲸的一个家，人们就会答应去那里观鲸。绿色和平组织认为，发展观鲸旅游比杀死鲸挣的钱更多。

第七章
让环保理念传遍全球

现在你应该已经致力于让你们家变得更环保、更干净了。不过这样还不够，更为重要的是，要让你认识的每个人都做出同样的努力。

现在，你要告诉其他人，让他们尽其所能，为改变环境做出自己的贡献。

本章精彩内容

集结环保斗士

话语是改变世界的最好方式。告诉学校的每一个人，告诉他们你在节能、回收利用以及保护环境方面的所见所闻。

为什么不成立一个生态俱乐部呢？成立一个俱乐部，印制简报，告诉人们你们正在运作的环保方案。

在自己的网站或"聚友网"上发布信息，与大家一起分享环保经验。

让拯救环境的力量越来越大

拯救地球非一人之力所能为。一定要反复利用这本书，让你所有的朋友和家人都看。或者，请他们坐下来，告诉他们你在这本书里读到的信息，告诉他们想帮助我们的星球都可以做些什么。不仅如此，还要请他们把你说过的话传播开来。如果大家一起来，我们星球的面貌将大为改观。

让地球人都成为地球的朋友

地球上有 65 亿人，不愁交不到新朋友，交到了就让他们认同你的环保理念。我们的星球需要它能交到的每一个朋友，让我们所有人都成为它的朋友吧！

看看你们学校能否与世界上另外一地的一所学校通信。如果能，就发电子邮件给那里的学生，了解他们国家的生活是什么样子，了解他们在帮助地球方面都做了哪些事，与他们交换环保理念和环保计划。记着，只有大家一起来，才能拯救世界。

在对地球的承诺书上签名

接下来你要做的，就是在下面的对地球承诺书上签名，践行你在这本书里面读到的一切。最好把承诺书复制下来，让你们全家都看看，然后在上面签名。

我对地球的承诺

我庄严承诺：我会牢记在这本书里读到的一切！我会努力践行在这本书里读到的一切！

我绝不会为了图今日一时之快，就去破坏地球的未来！

签名：＿＿＿＿＿＿＿＿＿＿＿＿＿＿＿

证人：＿＿＿＿＿＿＿＿＿＿＿＿＿＿＿

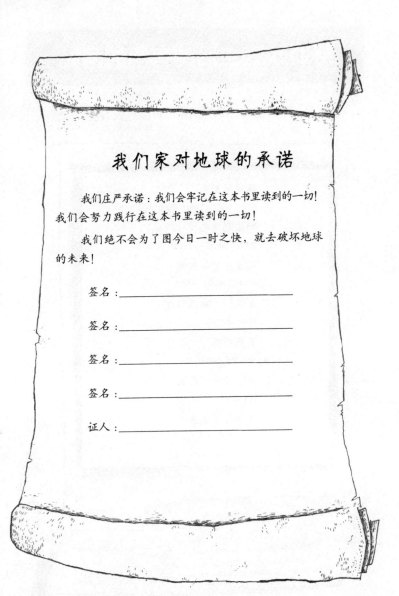

我们家对地球的承诺

我们庄严承诺：我们会牢记在这本书里读到的一切！我们会努力践行在这本书里读到的一切！

我们绝不会为了图今日一时之快，就去破坏地球的未来！

签名：＿＿＿＿＿＿＿＿＿＿＿＿＿＿＿

签名：＿＿＿＿＿＿＿＿＿＿＿＿＿＿＿

签名：＿＿＿＿＿＿＿＿＿＿＿＿＿＿＿

签名：＿＿＿＿＿＿＿＿＿＿＿＿＿＿＿

证人：＿＿＿＿＿＿＿＿＿＿＿＿＿＿＿

帮助改变生活的有用的网站

这里有一些不错的"绿色网站"可以进去看看。

环境保护局
www.environment—agency.gov.uk

回收利用之城
www.epa.gov/recyclecity

儿童环境俱乐部
www.epa.gov/kids/

大气、气候及环境
www.ace.mmu.ac.uk/kid/

企鹅提基
tiki.one.world.net

BBC 科学与自然
www.bbc.co.uk/sn

青年环境基金会
www.yptenc.org.uk

绿色和平组织
www.greenpeace.org

垃圾在线
www.wasteonline.org.uk

好手机回收共同体
www.collectivegood.com

碳基金
www.carbontrust.co.uk

垃圾观察
www.wastewatch.org.uk

地球之友
www.foe.co.uk

儿童能源联盟
www.powerhousekids.com

绿色纤维
www.greenfibres.com

碳足迹
www.carbonfootprint.com

图书在版编目（CIP）数据

男孩生活能力课外训练/（英）怀恩斯著；（英）休姆绘；刘国伟译.
—南昌：江西科学技术出版社，2013.11
ISBN 978-7-5390-4851-2

Ⅰ.①男… Ⅱ.①怀… ②休… ③刘… Ⅲ.①男性-
生活-能力培养-少儿读物 Ⅳ.①TS976.3-49
中国版本图书馆CIP数据核字(2013)第258427号
国际互联网（Internet）地址：http://www.jxkjcbs.com
选题序号：ZK2013100　　图书代码：D13058-101
版权登记号：14-2012-517

YOU CAN SAVE THE PLANET: 101 Ways You Can Make A Difference
First published in Great Britain in 2007 by Buster Books,
an imprint of Michael O'Mara Books Limited,
9 Lion Yard, Tremadoc Road, London SW4 7NQ
Text and illustrations copyright © Buster Books 2007
Simplified Chinese language edition is published with Michael O'Mara Books Limited
中文简体字版由 Michael O'Mara Books 授权北京紫图图书有限公司独家出版发行

丛书总策划/黄利　监制/万夏

编辑策划/设计制作/奇迹童书 www.qijibooks.com
责任编辑/梅兰　特约编辑/池旭　杨文
纠错热线/010-64360026-103

男孩生活能力课外训练

[英]杰奎·怀恩斯/著　[英]萨拉·休姆/绘　刘国伟/译

出版发行：江西科学技术出版社
社址：南昌市蓼洲街2号附1号　邮编330009
电话：(0791) 86623491　86639342 (传真)
印刷：北京联兴盛业印刷股份有限公司
经销：各地新华书店
开本：787毫米×1092毫米 1/32
印张：4.75
字数：70千
版次：2013年11月第1版 2013年11月第1次印刷
书号：ISBN 978-7-5390-4851-2
定价：19.90元

奇迹童书　有爱有梦想

科普

《最美的自然图鉴》
定价：192元（全4册）

《我的课外观察日记》
定价：79.9元（全3册）

《我的课外观察日记》
（第二季）
定价：59.9元（全3册）

《我的课外观察日记》
（第三季）
定价：69.9元（全2册）

《我的自然观察笔记》
定价：128元（全4册）

《大奖版·昆虫记》
定价：218元（全8册）

《法布尔植物记》
定价：49.90（全2册）

《法布尔植物记》
（精装）
定价：59.8元

绘本

《蒙施爷爷讲故事大全集》
定价：450.8元（全46册）

《波拉蕊心灵成长系列》
定价：69元（全5册）

《狮子和老鼠》
定价：32元

《和孩子一起开心读》
定价：46元（全3册）

《最好玩的性格养成图画书》
定价：72元（全6册）

《狐狸和狼》
定价：88元（全8册）

《我爱爸爸系列》
定价：46元（全3册）

卡通动漫

《淘气包快闪》
定价：148元（全11册）

少儿英语

《羊驼拉玛双语图画书》
定价：45元（全3册）

低幼启蒙

《埃米尔和露露》
定价：90元（全10册）

桥梁书

《萨琪性别启蒙桥梁书》
定价：49元（全4册）

桥梁书

《我的第一套圣经故事书》
定价：96元（全12册）

《小孩童 大视界》
定价：75元（全5册）

《中国百年文学经典桥梁书》
定价：130.5元（全9册）

永恒纪念版

《故乡》
定价：24.8元

《朝花夕拾》
定价：24.8元

《荷塘月色》
定价：24.8元

《繁星·春水》
定价：24.8元

《小桔灯》
定价：24.8元

励志成长

《女孩百科》
定价：248元（全10册）